Rich致富377

刻意冷靜

從如何在變動的世界中領導與學習

Deliberate Calm:
How to Learn and Lead in a Volatile World

賈桂琳・布拉西（Acqueline Brassey）
亞倫・德斯梅特（Aaron De Smet） 著
米歇爾・克洛伊特（Michiel Kruyt）
何佳芬 譯

高寶書版集團

獻給我摯愛的丈夫尼可拉斯、我倆的寶貝雙胞胎約瑟芬與山繆爾，以及其他支持我、給我靈感完成此書的所有人。還有，每一個願意嘗試的你和妳。

——賈桂琳

獻給我的妻子奈娜，和我的三個孩子——凱雷、布萊、佐拉瓦，我每天都跟他們一起學習與成長。

——亞倫

獻給我的父母，珍與艾倫，他們的好奇與興趣，啟發了我對學習與成長的終生熱愛。

——米歇爾

目錄

前言

學習型領導者比指導型領導者，更能成為強大的榜樣。

——羅莎貝絲．摩斯．肯特（Rosabeth Moss Kanter）

切斯利．薩倫伯格機長（Captain Chesley Sullenberger，朋友稱他薩利機長）在二〇〇九年空中危機中所表現的行為，正是刻意冷靜的表現。當時他駕駛的客機才起飛不久，就被一群飛鳥撞上，導致飛機的左右兩個引擎失效，他肩負著重大考驗，接下來所做的決定更是極大的賭注。但是他臨危不亂，更重要的或許是他不盲從地因循標準應變程序，而是審慎評估身處的狀況，檢視自己的內在回應，然後做出極其困難但卻必須的決定——拒絕塔台飛航管制員告知其返回機場的建議，而是改將飛機直接迫降在紐約的哈德遜河。

這是冷靜思考後的行動。

或許這個例子表面上看起來似乎與領導者毫無關聯，畢竟大多數人都不會開飛機，也沒有數百條人命掌握在手中。但在愈來愈多時候（或許不至於到生死交關的地步），我們的確面臨了必須在混亂與不確定的情況下平衡自我情緒，並進行理性與謹慎考量的艱難任務。如果做到了，就能在壓力反應爆發前，及早覺察到痛苦、懷疑或恐懼的初期內在訊號，防止情況變得更糟。對於面對複雜商業挑戰的領導者來說，這可能是介於能夠隨機應變、順勢而起，或是無法應變、錯失創新機會，甚至更糟的不同局面之間。而對薩利機長來說，則是生或死的抉擇。

本書想與讀者分享的，不是一種嶄新或「更好」的領導風格，一味推崇某種特定的領導風格，反而會產生很大的問題，因為在不同情況下適用的領導風格也不一樣。然而大多數領導人會偏重以個人喜好、時下流行的趨勢來選擇領導風格，更糟的是在未經思考下以個人固守的習慣或模式來行事。但其實我們需要的，是具備全盤思考整個狀況並針對每個挑戰或時機做出最佳選擇的能力與工具。當我們需要不斷學習與適應時，這樣的能力更顯重要。隨著世界變得愈來愈動盪詭譎，適應力已成為領導者的首要關鍵能力。

適應不是一件容易的事，關鍵時刻更是如此。在高風險與不確定的狀況下，恰是挑戰適應、學習、創新以及創造力的時候，也是最需要這些能力的時刻。然而人類的大腦在遇到高風險與不確定的情況時，會不自覺地做出與學習和創造相反的反應，也因此影響我們在極其重要時刻的表現。

刻意冷靜就是這些問題的解決之道。這不是一種領導風格或行為，而是一種個人的自我控制訓練，可以為領導者提供覺察與技巧，避免無效的反應，並根據當下狀況「選擇」最有效的思考和行動模式。

本書以實證為基礎，並結合神經科學、領導力發展以及團隊效率的跨領域研究。但就本質上而言，冷靜思考是領導者在四項獨特技能的組合：適應力、學習敏銳度、覺察力以及情緒的自我調節力。以上四項技能雖是領導者的表現與成功與否的關鍵因素，但卻是第一次被結合在一起，以幫助我們在重要時刻表現出更勝以往的學習和領導能力。

近來，一項實徵（經驗）研究的後設分析發現，適應力與學習敏銳度是個人領導力表現和潛力的首要預測因素。排第二的是智商，第三則是工作經驗。另一個針對四十三項實徵研究的後設分析則顯示，覺察力和情緒調節力較高的領導人，在團體中的工作表現愈好，這兩個因素的重要性超越了個性和個人領導風格。

據我們所知，目前還未有任何和教育領導者同時具備適應力、學習敏銳度、覺察力以及情緒自我調節力的相關研究，因為除了我們之外沒有其他人進行這項研究。不過我們與全球領導者和組織所得到的合作結果，非常具有說服力。我們在一家全球製藥企業開啟了一項由一千四百五十位領導者參與的研究，並將結果和對照組進行比較發現，參與的領導者在許多方面的表現，都比對照組高出三倍以上，包括個人的職責表現、意外情況的適應力、應變能力、樂觀程度以及發展新知識與技能的能力。此外，他們的幸福感也比對照組高出七倍以上。最令人振奮的是參與研究的領導者，僅在三個月內每週花三十分鐘的時間，即能達到這些結果（基於自我報告的數據和同儕評估）。

由於這個世界不斷地快速變動，迫使我們無論是個人或在群體中都必須面對前所未有的動盪與不確定，而刻意冷靜和過往相較也更顯其重要性。當固有的方法與成功模式無法因應新挑戰時，我們的決定所承擔的風險也愈來愈高。但是我們常常不知道怎麼做才能奏效，甚至沒把握是否可以找到解答，就像薩利機長事前也不確定把飛機降落在哈德遜河的激進計畫會不會成功一樣。

像這種不確定的狀況，就是我們說的「適應區」。為了在這個狀態中取得成功，我們必須盡快適應環境、擺脫既有的模式和習慣、保持開放的態度、學習新事物，甚至找到新的學習和合作方式。適應區中有龐大的創造、成長、創新和真正轉變的機會，然而如果無法成長和改變，也有慘遭失敗的風險。這完全取決於我們適應的速度以及避免讓自己陷入困境的本能。

那些將我們從已知、安全、可預期的範圍推入適應區的狀況，常會引發恐懼，讓我們不自覺地感到受威脅，緊緊攀住舊思維，揣著以往的成功模式、想法、信念和習慣不放，但這些在新的狀況下可能都發揮不了作用。在這樣的態勢下，我們常常把問題歸咎在其他人身上，或怪罪於環境，期待他們能夠改變，卻忘了思考自己能否拋棄成見，適應新的情況、挑戰或機會。

會有上述的反應也很正常，因為我們的大腦和身體天生就會將不熟悉或未知的狀況視為潛在的威脅，特別是我們認為風險很高的時候。面對不確定性和壓力時，尋求安全與熟悉的既定方式和成功模式，是很自然的事。不過，這並不代表這麼做最有效益。面對適應區的挑戰時，倘若當下的情況需要去適應，但我們卻跟隨既定的反應模式，可能會導致嚴重的意外；然而**這些需要我們快速適應、學習的狀況，同時也讓我們更難擺脫能獲得安全感的既定模式**。

幸好我們可以用不同的方式來體驗適應區——開拓視野、接受不確定、對創新的想法和方式抱持開放的態度、學習新事物，甚至找出新的學習方法。這麼做不但能夠幫助我們實現目標（不管周圍發生了什麼事），對我們的健康和福祉也有益。

擁有覺察面對的挑戰是否位在適應區的能力，並利用此機會學習、成長，而不是做出過時和無效的回應，就是刻意冷靜的核心。這項修練能讓你意識到自己擁有如何經歷和回應特定狀況的選擇權，讓你保持專注，並在壓力和變動下維持冷靜，不會被本能反應牽著鼻子走。

這本書是為了想要提高面對挑戰時的開放態度、培養個人適應力、及在變動的世界中擁有正面影響力以發揮足夠領導力的讀者而寫；刻意冷靜更能幫助任何人在最困難的時候，用勇氣、創造力、目標、真誠和適應力迎擊挑戰。基於數十年為面臨日常壓力、個人複雜的挑戰和巨大危機的管理階層提供支持的經驗，我們開發出一套獨特的方式，來觀察外部和內在世界，即使在世界混沌之際，還是能打開視野和學習。我們發現，這對於內在成長和在動盪與複雜迷霧中展現的領導力，都有顯著的加乘影響。

雖然我們的研究和每一個人有關，但是我們特別聚焦在領導者，因為「刻意冷靜」在高效領導方面能發揮關鍵性的作用，而且領導者對他們所領導的人或社群具有廣大的影響力。當領導者陷入困境時，通常他們的團隊、組織和家庭、朋友會一併淪陷。當我們幫助領導者發現阻礙他們發揮潛力的低效模式和觀念，我們的工作就會產生指數增長的影響力。

我們也相信任何人都可以成為領導者，一個偉大的領導者並不需要握有威權，況且許多具影響力的領導者也沒有正式的職位或權力。他們只是有能力透過自身的勇氣、創造力和良善，召集身邊的人挺身而出。

我們三個人有各自獨特的背景、經歷和專長，但都熱衷於運用刻意冷靜來促進個人成長和更大範圍的社會變革。

賈桂琳一生中的大多時候都飽受輕度焦慮症所苦，這個病症讓她在職涯中期產生嚴重的信心危機，最後甚至影響到她的人生並限制了她的潛力。就在這個關鍵時刻，賈桂琳開始研究焦慮和自信之間的關聯性，以及相關的神經科學，也促使她於職業生涯後期取得情感精神科學的醫學碩士學位，並出版了《真實的自信》（*Authentic Confidence*，暫譯）一書。

期間，她還開發出一項以研究與實證基礎兼併的成果，用於自己的療癒之路，並將其帶進麥肯錫公司與其他機構。這個成果為「刻意冷靜」提供神經科學上的基礎，其中所有的方式與做法，都與不斷更新、發展的研究同步。賈桂琳在取得領導力與多元效能的博士學位之後，也將相應的學術研究與她的專業相輔相成。她目前是麥肯錫的首席科學家，不但擔任人力與組織績效領域的科學研究總監，也是麥肯錫健康中心

（McKinsey Health Institute）的全球領導人，同時也是一位兼職學者，鑽研人類永續發展與技能表現。在此之前，她曾負責帶領麥肯錫公司的六百名高階主管進行學習與發展的培訓，並擔任公司全球學習領導團隊的一員。雖然賈桂琳在某些時刻仍與焦慮和自我懷疑抗爭，但書中的這些方法也成為改變她幸福、職涯、個人成就、復原、學習、接受和覺察的契機。

亞倫最早是因為在一九九〇年代曾參與組織心理學家和組織發展從業者的培訓，才加入這項工作的行列。他在哥倫比亞大學的博士論文以自我覺察在領導效能及團隊績效上的影響力為主題，即使他研究雙重覺察與刻意冷靜多年，也在職業生涯中學以致用，但當他的家人陷入成癮的悲劇時，他完全沒有做好接受應變挑戰的準備。

亞倫的家庭生活愈失控，他也更緊抓住老方法來解決問題，包括全心投入工作，掌控家裡各方面的微小細節，並仔細安排讓上癮者戒斷的計畫。他儼然成了一個工作狂，焦慮症和憂鬱症也相繼找上門，甚至還罹患了飲食失調症。然而情況愈是每下愈況，他愈是用根本沒用的蠻橫「掌控」，而他愈是掌控，他的家庭反而更加混亂與失能。事實證明，在風險很高的時想要展現刻意冷靜，比我們想像的還要難，儘管工作還是很重要，但是亞倫真正在乎的仍然是他的家人。當家庭生活受到了威脅後，亞倫必須想出一種新的學習與調適方法。現在的他運用所學協助客戶做出轉變，有效地領導工作團隊，並在家中與妻子和三個孩子一起建立平靜和諧的生活。

米歇爾在經歷了一場失控的甲狀腺異常之後，加入了這項工作。當時的他是一家公司的執行團隊一員，而這家公司正面臨市場崩盤的危機。他捨棄了藥物治療，選擇檢視這個病症背後的身心因素。他發現了自己的許多盲點，也開始覺察到自己正以過去有效的成功模式來領導團隊，但用在當下公司所面臨的產業崩盤根本不管用。

這對米歇爾來說，無疑是一個改變人生的經驗。在發現與克服病症的過程中，也引導他找到新的人生目標，即幫助執行團隊培養發現盲點並透過破壞式轉型開展工作的能力。這使他之後成為麥肯錫公司的合夥人暨組織實踐部門的領導人之一，及阿柏金（**Aberkyn**）的聯合創辦人與管理合夥人。這家公司是專門從事績效轉型、文化變革、執行管理和領導力發展的先驅。米歇爾目前是**Imagine**的執行長，該公司致力於支持公司進行正效益的商業轉型。

我們一起從心理學、神經科學、覺察實踐，和身為領導者本身以及許多世界頂尖領導人與企業顧問汲取的工作經驗，創作出這本書。期盼能幫助每一個人覺察自己是否處於適應區，並善用這些時機點促使成長與發展。書中所有的例子和個案均來自於真實的個人和狀況，但基於保護原則，名字和身分皆已更改。其中許多故事的領導人身邊都有一位導師、顧問或是其他「專家」從旁指導，不過你並不需要雇用任何人就能將這些融入生活當中，並開啟真正的成長與改變。我們希望這本書能成為你的導師，陪你一起踏上刻意冷靜之路。

在本書的第一部分中，你將了解刻意冷靜的價值。為什麼這項修練如此重要，以及它如何幫助你增進發展與提升領導效能。當中包括認識不同區域的訊息，還有可以在這些區域中展現的多元方法。我們也會討論到大腦和身體錯綜複雜的連結，這些連結決定了我們在壓力之下的反應方式和原因，以及我們可以利用哪些工具來調節我們的反應，並在壓力下保持覺察和冷靜。

在第二部分中，你將學到刻意冷靜的方法。探查導致我們固守慣性行為的隱形因素，以及如何發現和適應。包括如何透過強大的目標感，將充滿壓力的狀況重新定義為廣大旅程的一部分；還有刻意冷靜時可能經歷五個不同層次的內在與外部覺察，以及充分與全面復原的重要性，以使我們在需要的時候能更輕鬆地在適應區內運作。

而在第三部分中，將進行刻意冷靜的練習。如何透過刻意冷靜轉化到完全改變與其他人的互動方式，無論是生活上還是職場上的各個層面。這包括人際之間的互動關係和溝通，提高團隊的信任和意識，以建立一個強調創新和協作的刻意冷靜團隊。

最後，你將有機會藉由為期四週的刻意冷靜規範和日常練習，進行個人的實踐，幫助你增進對外部環境和自我內在狀態的覺察，將挑戰重新定義為成長的機會，採用更新、更有效的思維，開始輕鬆駕馭適應區。四週之後，你將會對自己、自己的領導力以及周遭的人有全新的觀點。

刻意冷靜不是一個目的地，而是一段旅程。我們三個不但教導、測試，也在日常實踐這些練習，我們不但充滿了熱情，也永遠都在學習；然而我們還是會走回頭路，回到舊有的行為模式，或是被情緒沖昏頭。自我接納和寬恕是這一段旅程的重要部分，也是促進覺察和責任感的強大副產品。我們希望你能透過這本書，增進學習能力，並隨著刻意冷靜——在世界日益複雜下特別需要的技能，度過動盪與困境。當我們自己、我們的機構和這個世界急迫需要轉變時，刻意冷靜能提供指引。我們非常感謝能將這些實踐帶給讀者，也希望它能幫助你完成想做到的事。

第一部分

刻意冷靜的價值

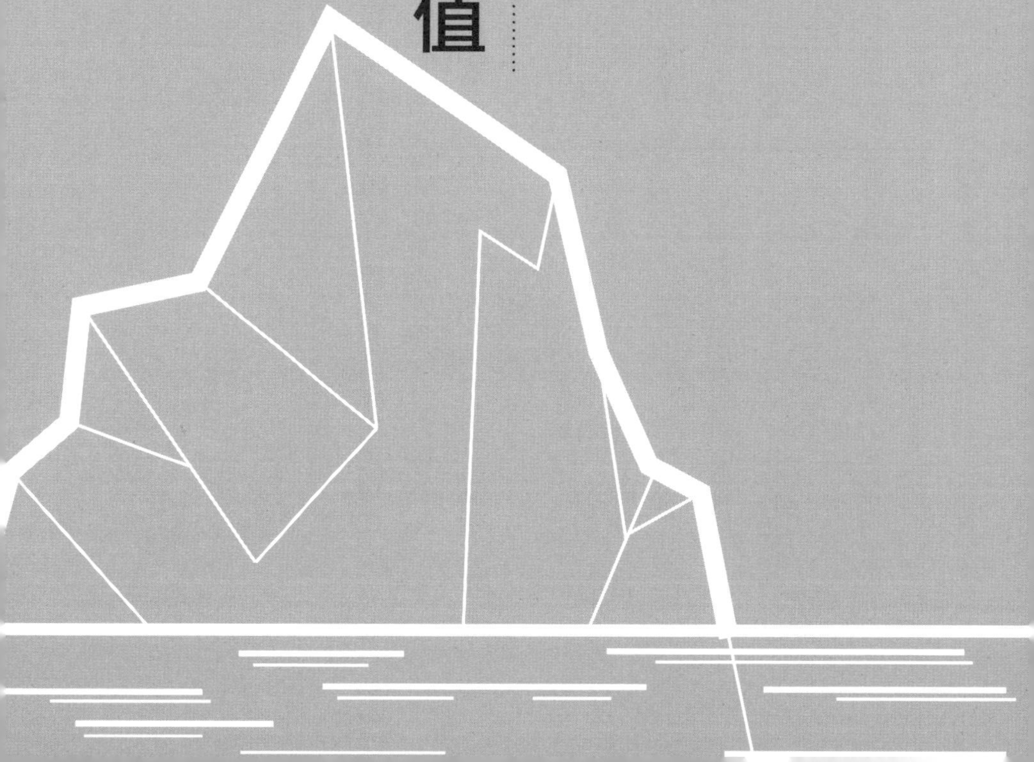

第一章 冷靜思考的重要性

悲觀主義者永遠不會發現星球的祕密，或航行至未知之地，
更遑論為人類的靈魂開啟一個嶄新的天地。
——海倫凱勒

傑夫是美國北卡羅萊納州一家燈具公司的銷售主管，他和上司珍妮絲之間的關係不錯，但身為公司老闆的珍妮絲常常對他施壓。個性努力進取又具個人魅力的傑夫是公司的資深員工，他立志勢必出人頭地，也很清楚自己是珍妮絲仰賴的得力助手，在公司的地位更僅於一人之下。傑夫非常認真看待自己的工作責任和這份雇傭關係，不過傑夫也知道，無論公司內部或外部出了什麼狀況，他身為銷售業務的工作就是把商品賣出去，其他的都不重要。

因此當整個產業變化開始對公司的生意產生負面影響時，傑夫的壓力也變得特別

大。他們公司仰賴從中國進口的商品，如今海外製造生產線的停工，加上貨物運輸的問題，已經導致公司的營運陷入混亂。而競爭對手推出技術更先進的照明系統並在市場上取得領先的地位，讓傑夫的公司處境更為雪上加霜。所有的狀況似乎一下子接踵而來，讓他們措手不及。

珍妮絲把傑夫叫進她的辦公室，因為公司真的遇上麻煩了。珍妮絲對傑夫說：「我們這一季的銷售量又嚴重落後。」但這對傑夫來說早在意料之中，在這之前他已經為了銷售數字徹夜難眠，也擔心珍妮絲何時會開口。「我們該怎麼做才能達到預定的目標？」

傑夫有點喘不過氣，出汗的手掌在褲子上頻頻擦拭，他在心裡大喊：「我不知道啊！」傑夫只想趕快逃離珍妮絲的辦公室，完全不想面對他根本還找不到解答的問題，而且這個問題的答案一點也不簡單。但是傑夫覺得珍妮絲對自己賦予重望，所以他當然不能讓珍妮絲失望。「沒問題，包在我身上。」傑夫用堅定的語氣對珍妮絲說：「我已經召集團隊的成員，也告訴他們該怎麼做，別擔心，我會解決的。」

關鍵時刻來了。珍妮絲問了一個好問題：「所以要怎麼做才能讓銷售數字上升？」傑夫有很多不同的回應方式，像是提供新的解決方案、和老闆一起動腦想看、或是回答自己先跟團隊討論之後再回報，甚至可以誠實地回答「我不知道」。但是傑夫只是用他一慣的行為模式——承受壓力、一肩扛起責任，然後承諾會想辦法解決。

冰山的一角

傑夫當然不是特例，每個人在日常生活中都靠著自己的特定行為模式過日子。就讓我們以簡單的冰山理論，來解釋大腦與身體之間既複雜又具變動性的關聯。請想像一座冰山的模樣，但實際上我們從水平面看到的部分只佔整座冰山的十分之一，水平面下還有百分之九十是我們沒看見的，這個部分充滿著神祕與未知。冰山的樣貌和我們的行為模式非常相似，我們的行為本身對其他人而言（有時候對我們自己）很容易就能一目瞭然，但是隱藏在「水面下」的那一大部分，則是由個人的價值觀、需求（被滿足或未滿足）、希望、夢想、恐懼和人生目標所衍生而來的想法、感受、信念、心態以及認同。

我們可以明顯感知自我的某些想法和感覺，這些是能夠覺察到的部分，但有些深層特質是連自己都混沌不清。**然而無論覺察與否，這些深層且大多處於無意識狀態下的人格特質，無不驅使著我們表現在外的行為。**隱藏在水面下的冰山，正是不斷形塑我們每一個行為、行動、決定以及日常與這個世界互動的模式根源。

如果想在生活上更如魚得水、能得到冀望的結果、改變無益或無效的行為模式，

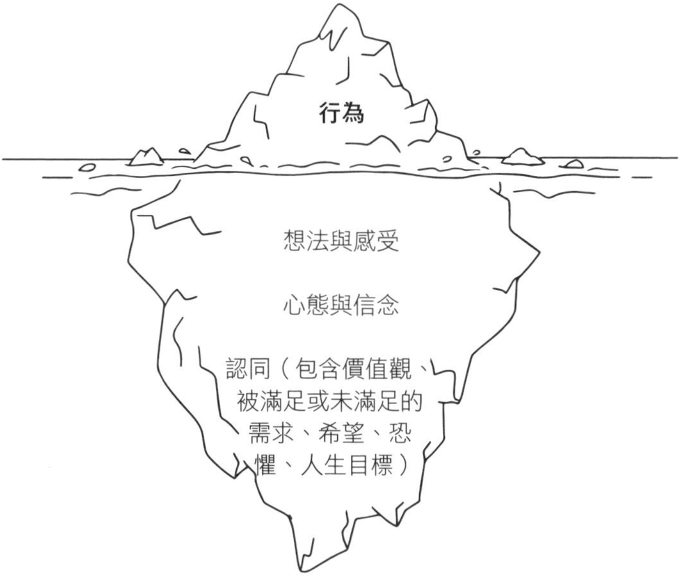

圖1-1　冰山理論

並且實現目標和抱負，就必須覺察水面下隱藏的冰山，面對它並時常改變它。想要做到這一點，唯有深入其中，誠實檢視底下的每一層，同時瞭解它們從何而來。

雖然既有的冰山模式不一定適合當下的每一個目標和抱負，但也不至於是「錯的」或「不好的」。事實上在這個複雜的世界中，既有的冰山模式讓我們的生活更有效率。這一點甚為重要，因為隱藏在冰山裡的習慣簡化了做決定的過程，使我們免於在行動前需要分析每一種狀況，這樣不但省時又能將腦力用在處理其他非慣性的事情上。在面對熟悉的狀況和已經駕輕就熟的挑戰時，這些習慣模式通常很有幫助，也因此就成為慣例。就像傑夫扛下問題、激勵團隊、要求成果的成功模式，讓他和公司都大有所獲。

問題在於傑夫目前面對的挑戰，是他不曾經歷或做到的，所以依照以往的習慣性行為，反而阻礙了他用開放的心態和可能的新方式回應這個全新的挑戰。幫助我們有效運作的慣性由於太習慣選擇最有效率的方式，也可能成了創新的阻力。就像傑夫慣於回答：「別擔心，有我在，我會解決的。」對他當下的狀況而言，或許根本不是個好方法。因為傑夫並不知道如何在產業發生變化之際提高銷售量，做出無法兌現的承諾可能會讓事情更陷入窘境。曾經讓傑夫無往不利的成功模式，在他最需要的關鍵時刻不再奏效。

這件事無關傑夫的道德操守，單純只是既定的習慣模式無法應付他所面臨的複雜狀況。因為除了壓力之外，傑夫幾乎絲毫不覺深埋在自己冰山裡的那些感受、想法、信念、恐懼及需求，正驅使並強化他的行為習慣。倘若傑夫意識到自己的行為反應是緣於自我隱藏的冰山，那麼他或許能有不同的回應方式。因為就像絕大多數人一樣，傑夫沒有意識到自己的冰山，以及冰山下驅使自己做出行為反應的來源，他做出如同以往一貫的回應，誤以為過去有效的方法會繼續生效。而眼前這個重大挑戰所帶來的壓力，更讓傑夫難以做出改變。正如詩人約翰．德萊頓（John Dryden）所言：「我們養成了習慣，然後習慣造就了我們。」

人天生就是這樣，面對壓力、緊張焦慮、不確定和（或）複雜的狀況時，常會覺得受到威脅，並為了保護自我與深植於冰山底部的自我認同而做出行為反應。而在過程中，我們往往無法進行開創性和連結性的思考，也難以發現解決問題的新方法。我們關上了思路，眼界變得狹隘，將問題歸咎於其他人或大環境，有些人甚至直接選擇逃避。在恐懼與受到威脅的狀態下，人們自然傾向尋求已經熟悉並能帶來安全感的習慣，也因此變得無法接受新的想法與方法，所以我們緊抓住之前管用的舊行為模式不放，然後在眼前的緊要關頭嘗到失敗的結果。當眼前的情況需要我們提出新的解決方法時，固守舊思維將會導致嚴重的後果。

這樣的狀況稱之為適應性的悖論，這對渴望做出超凡表現的人來說是一種極端的諷刺，因為：**就在我們最需要打破常態，發揮創意迎擊陌生、複雜或不確定性的狀況並做出開創性的回應時，正是同樣的陌生、複雜以及不確定性讓我們望之卻步。**

傑夫在壓力下的行為模式是承諾解決問題和更努力工作，但是這樣的行為模式是怎麼產生的？在傑夫隱藏的冰山底下，他認為想要成功並受到老闆的喜愛，就一定要有所作為，這樣的信念使他在面對不知如何解決的新問題時，感到恐懼和失控，他的內在聲音說：「我不能失敗，不能讓她失望，必須要有解決的方法。」無論傑夫是否覺察到這一點，在他的想法中如果做不到，自己的工作、名聲、和老闆及團隊的關係，以及身為能夠被信任與家中維持生計的地位，都將受到打擊。在備受威脅與恐懼的狀態下，告訴老闆自己會解決問題，能讓傑夫得到安全感並重新掌控局面。

所以傑夫的行為會造成什麼後果呢？和珍妮絲談過之後，傑夫請工作團隊到會議室，他用嚴肅的語氣對大家說：「我需要你們再加把勁，想辦法做得更好，我們過去幾季的業績目標都沒達到，所以更要在這個時候衝業績。珍妮絲就靠我們了，大家一定要衝衝衝！」傑夫替各地區的業務代表訂出極具挑戰性的銷售目標，然後沒有任何後續討論就散會了。

第二年的銷售數字仍不見起色，傑夫緊盯著大家，時不時詢問銷售狀況，業務的士氣愈來愈沮喪。其中幾位試著和傑夫討論市場的變化，以及這些變化如何影響到銷售，但是傑夫根本聽不進去。只是對大家說：「這是你們的責任，我不要聽這些抱怨，我要的是解決辦法。」

這種不計一切代價一定要做到的緊繃壓力，讓傑夫團隊中的一些成員感到非常無奈，但也只好豁出去。他們祭出降價與折扣優惠，把利潤壓到最低，只為了能達到當季的業績目標。不過大家對各自使用的策略都祕而不宣，也導致團隊無法合作，反而出現一些謠傳和扯後腿的事，但是業績還是差強人意。檢討會議一次接著一次開，傑夫批評的砲火也一次比一次猛烈，他嚴厲指責大家不夠努力。所有的業務都噤聲不語，沒有人敢公開討論真正的問題所在。

這樣聽起來傑夫似乎是個很糟的人，更是一個毫無影響力的領導者，但他的一切作為都是基於過去這麼做一向通行無阻的思考邏輯，更何況他自己也和其他人一樣付出相同的努力。正確來說，傑夫可能努力過了頭，他完全埋首於工作，為了工作放棄平常的晚間慢跑和早睡習慣，不但每天工作到很晚，連週末也在家裡盤算著業績。當家人試著和他互動時，傑夫變得暴躁易怒，然後要大家不要吵他。可惜的是傑夫和團隊所做的努力和付出，並沒有得到預期的結果，因為他們的努力毫無創造力、開創性和團隊溝通，而是充滿壓力和擔憂。隨著時間的推進，同事間彼此愈來愈不信任，不安和焦慮感也在團隊中蔓延開來，使得大家愈來愈難敞開心胸，開誠布公地承認急需要新的解決方法。

於此同時，珍妮絲持續緊盯進度，雖然傑夫在這之間曾試著想承認自己根本苦無對策，但他還是不斷保證會趕上進度。他打心底認定自己必須解決這一切，也很怕失敗。傑夫一直說他認為珍妮絲想聽的話——一切都在他的全盤掌握之下，他會找到扭轉局勢的方法。然而事到如今，連傑夫自己都知道那些話不是真的。團隊裡的成員開始接連請病假，業績也節節下滑，一股惶惶不安的氣氛開始瀰漫，曾經的同事情誼早已蕩然無存。離傑夫第一次和珍妮絲會談的一年後，公司面臨了真正的危機。

許多領導者就像傑夫一樣，認為激勵員工的最佳方式就是勾勒一個「燃眉之急」的危機，刺激員工因滿於現狀而停滯不前的狀態。問題是這個方法可以激勵員工去做已經知道該怎麼做的事，但是以傑夫的狀況來說，他的團隊必須改變既定的行為，這時候的燃眉危機可能就成了燒到自己的火苗，因為隨之而來的恐懼會耗盡大家的鬥志，並以舊有的模式來應對，反而激發不了新方法。

傑夫在整個過程中顯然犯了很多錯，每一個錯誤都源自於水面下隱藏的冰山，導致他陷於慣性反應，無法依當下的複雜情況進行調整。或許傑夫最大的錯誤在疏於瞭解當下的問題需要不同於以往的解決方式。這樣的狀況不但在工作上很常見，在生活中的方方面面更是如此。在面對不確定性與轉變時，我們潛意識地用過去的經驗和認知來做回應，因此失去了一次又一次面對挑戰時持續學習與成長的機會。

而這可能會造成強烈的痛苦、人際關係的受損、情緒的沮喪，更別提因個人、團隊、組織與國家無法跟上世界變動的腳步所付出的代價。對於必須做出高風險決策的資深領導人來說，代價更高，因為他們的情緒和行為會在組織和團隊裡產生漣漪效應，影響的層面更廣。

倘若我們能在這些關鍵時刻抱持開放的心態，在異於常態的狀況下改以好奇心、創造力和團結合作的精神來面對，情況會有什麼不一樣？這正是「刻意冷靜」派上用場的時刻，因為這項修練的目的在於建立對所處外在環境和內在環境（想法、感受、心態與信念）的感知，同時在內在與外在的相互影響下，以更中立、客觀的狀態意識（situational awareness）提前應對，有了這樣的意識，我們才能保持冷靜，並在壓力之下臨危不亂，從容做出最好的回應，不至於被情緒擾亂而退回慣性行為。

當我們的回應出自於壓力和恐懼時，就像一座凍結堅硬的冰山，也猶如結成冰之後的水，無法因應當前的挑戰做出任何調整與改變，我們無法學習、無法接納創新的想法，也無法用新的方法做事，責怪他人或環境，然後漸漸失去了興趣或熱情，甚至退卻。我們就像一頭被冰凍在冰山中的困獸，失去了生長茁壯的能力。遺憾的是，傑夫就是那頭困獸，因為他的內在冰山早已凍結，只能依照過往的模式僵化行事。

所以，只要能意識到那座讓我們受限於既有習慣模式的隱藏冰山，就能夠使其融化，讓冰山變成流動的水，隨時可以改變形狀，延展成不同的嶄新樣貌。在這種流動的狀態下，我們才能夠更為客觀地審視大局及現實狀況，並覺察到自我的內在感受，設想其他的回應方式與新的解決方法，學習新事物並開展創意合作，視需求調整個人的行為。但這麼做不代表就不會面對困境、不會備感壓力或覺得緊張或是產生負面情緒。雖然我們不可能每一次都改變得了外在環境，但是「刻意冷靜」讓我們擁有了如何應對的選擇。

雙重覺察（Dual Awareness）

誰都希望「時間能夠重來」，讓我們能回到過去，看看當初如果在某個關鍵時刻做了不同的決定，人生是不是會不一樣？傑夫非常幸運，因為我們可以在這裡幫他達成這個願望。讓我們看看如果傑夫在面對問題時發揮「刻意冷靜」，對他自己、他的公司和團隊同仁，會有什麼不一樣的結果。

傑夫二號（姑且稱之）的情況和傑夫一號差不多，因為企業環境的迅速轉變，使得他的公司業務吃緊，也讓傑夫二號壓力山大。珍妮絲把傑夫二號請進辦公室，問：「我們該怎麼做才能達到預定的目標？」

傑夫二號這一次沒有立即回答，他先深吸一口氣，用幾秒鐘的時間檢視自己的身心、思緒、感受和情緒，就像某一部分的他正從天花板上的一個大天窗俯瞰自己。他盡可能客觀並不帶批判地觀看自己的內在世界，包括生理感受、情緒和想法，然後不去深入探究。

簡單來說，就是不去執著於自我的感受與想法，若一味執著，所有的重心就都會落在「自己」，以至於侷限在個人的感受與想法當中，而誤把經歷某種狀態和擁有該狀態視為一體。舉例來說，當我們只是為了某件事感到力不從心時，若執著於自我的狀態下，就會直接認定自己「就是」無能；或把自己可能會讓老闆失望的想法，認為自己「已經」讓老闆失望了。

倘若我們能夠不執著於自我的感受與想法，就能從旁觀察自己正在經歷的體驗，覺察我們在這個體驗當中的感受與想法。我們的情緒還是會隨之起伏，還是可能會有負面或覺得受傷的想法，但是我們能夠覺察與接受，不去讓這些感受與自己畫上等號。在這樣的狀態下，**我們會有失敗的感覺，但不會認定自己就是個失敗者；我們會有生氣的感覺，但不會氣得跳腳**。只要能夠盡可能地超脫自我，以客觀的角度考量整個狀況，就能避免被情緒沖昏頭，或是依循慣性的回應。

學習「雙重覺察」，是超脫自我感受與想法的第一步，這是一種覺察外部與內在環境及其如何相互影響的意識。有了這個意識之後，無論周遭如何轉變，我們都可以在明確目標的導引下竭盡所能。如果能在不斷變化的複雜環境中具備這樣的能力，那麼無論在領導力、體育運動和其他人類極限的挑戰上，就能有更進一步的表現。

傑夫二號在「雙重覺察」上非常熟練，他很快就知道自己面對的挑戰異於往常，他注意到自己的手心開始冒汗，呼吸變得急促，他的內在聲音大喊「我不知道」，不確定的恐慌和沮喪感也漸漸浮現。他覺察到自己很想趕快告訴珍妮絲一切包在他身上，然後結束彼此的對話。但傑夫二號也知道自己昨晚沒睡好，所以現在更容易被情緒沖昏頭。因此，傑夫二號按下暫停鍵，沒有做出立即回覆。他感覺到自己的不自在和失控，以及多麼擔心無法完成被交付的任務，讓自己和珍妮絲失望。

在做出任何行動之前，傑夫二號先讓自己接受當下的狀況和內在感受，不去做任何的判斷或是無謂地希望事情能有所不同。他覺察到周遭環境如何影響自己的內心，也注意到自己的恐慌和焦慮如何影響到珍妮絲，從而影響到整個外部環境。這個短暫的暫停，打開了不同回應的通道。

傑夫二號和傑夫一號的差別，就在傑夫二號懂得在給珍妮絲一個之後可能會後悔的明確回覆之前，先為自己爭取時間。「我之後再向妳回報。」他對珍妮絲說：「目前還有很多變數，有些是供應鏈方面的問題，有些則是整個產業的變動，我們還不是很清楚該如何因應，所以沒辦法保證能夠達到目標，不過我會想辦法擬定一些對策。」

傑夫二號花了一點時間接收珍妮絲臉上失望的表情，他認為珍妮絲應該對他感到很失望，但是傑夫二號同時也意識到他很有可能只是把自己的恐懼和焦慮投射在珍妮絲身上。珍妮絲或許只是對整個狀況感到失望，而不是針對他本身。傑夫二號以前從來不曾如此殘酷地誠實以對，更不曾明明白白說出自己苦無對策的事實，因為他知道珍妮絲面對下降的銷售數字會有一些情緒反應，會使會議室裡充滿緊張氣氛。

「我想妳應該很焦慮，我也是。」傑夫二號對珍妮絲說：「有很多狀況都是以前沒遇到過的，不過我相信我的團隊能夠找出關鍵問題，然後想出一些解決的方案，讓公司朝著正確的方向前進。」

傑夫二號的行為轉變看似簡單，但想要改變既有的慣性其實非常困難，特別是覺得自己受到威脅的時候，所以需要不斷地練習。現在就讓我們具體分析傑夫二號到底有什麼不同的改變，讓他選擇做出不同於以往的回應。

首先，或許也是最重要的一件事，就是他先停下來，開始進行「雙重覺察」，並很快覺察到外部與內在發生的事。他理解到自己正處於一個全新的狀況，從前成功的模式現在可能不管用。他也知道自己正因為不確定感而覺得受威脅，在這樣的狀態下很容易就封閉自己，直接啟動過往的行為模式，拒絕敞開心扉接受新的可能。然而透過暫停一下的作法，傑夫二號設法保持開放的心態，並做出更有效的回應方式。

這是刻意冷靜的行動表現，它讓傑夫二號不受情緒左右，幫助他瞭解已然改變的環境因素需要新的回應對策，並使他做出最簡單也最關鍵的選擇——嘗試新事物。

傑夫一號和傑夫二號經歷了同樣的過程和感受，都出現了呼吸急促和手心出汗的明顯壓力症狀，他們的內在發出同樣的聲音，擁有相同的恐懼，也想對珍妮絲說出同樣的話。然而傑夫一號忽略了觀照自我的想法與感受，傑夫二號則在「雙重覺察」的運用之下，客觀地審視自我，並在這樣的狀態下看清事情的本質，發現往常的處理方式無法應付這一次的挑戰，也唯有認清事實之後，才能找到解決的新方法。

客觀解析外部的現實狀況，將其與內在的感受連結，再思考需要做出的決定，並選擇最好的回應方式來執行——是身為領導者的關鍵能力。在過程當中，我們可能需要將不舒服的情緒隱藏起來，克制著不被這些情緒所干擾。無論是身為一個人或領導者，如果想要不斷成長與精進，就必須主動面對不舒服的情緒，接受這些情緒但不隨之起舞。

當我們能夠意識到這些情緒並不被其所左右的時候，就能體悟到強烈的感受其實是一份禮物，讓我們知道過去的常態行為可能不適合當下面臨的狀況。這時候我們不會受到情緒的控制或腦袋一片空白，因為我們很清楚這是激發新學習的轉捩點。

傑夫二號是怎麼做的呢？在召集團隊之前，他先確認自己想在這次的重要會議中達到的目的，希望團隊有什麼樣的感受？和過去所進行的會議又有什麼不一樣？

經過思索之後，傑夫二號意識到他以往認為「給壓力」是讓下屬有所收穫最好的方法，他期待其他人面對壓力的反應都跟自己一樣——「撐」過去。但是現在他發現，或許選擇不同策略的結果會更好。所以這一次他想要讓以往總是聽命行事、等著他發號施令的團隊，轉變成一個共同思考對策的團隊。傑夫二號希望會議結束後，他的團隊能擁有動力、有責任感、願意公開探討面臨的挑戰，並發揮創意解決問題。他想讓大家充滿信心，明白只要同心齊力，就能夠戰勝挑戰。

確定了會議目標之後，傑夫二號召開小組會議，也公布了業績數字。他立刻就感受到現場瀰漫緊張氣氛，因為每個人的業績都還差一大段，即使是團隊中實力最強的區域銷售業務都落後百分之十。雖然團隊裡的同事都喜歡傑夫二號，但他長久以來一直對每個人施壓，而且大家都清楚傑夫二號的作風，他不喜歡聽藉口，只想知道結果。由於這次大家都不知道該如何達成業績目標，所以人人自危。不過，傑夫二號看出大家還是很在乎。

傑夫二號沒像以前一樣一開口就報一串數字，而是在會議開始時對大家說：「我知道大家的感覺可能不太好，老實說我也一樣。我剛和珍妮絲開會，不得不告訴她業績落後的消息。」傑夫二號望向每一個人，他們原本擔憂、緊張的表情微微緩和下來。傑夫二號接著說：「我向她解釋整個市場的劇烈變化，以及我們尚未找到重回正軌的策略。我必須承認自己到現在仍然沒有答案，所以很擔心。這是我們以往從未遇過的事情，但我同時也覺得很興奮，因為我對這個團隊有信心，我們一定能找出方法，想出解決的對策。」

傑夫二號的話剛說完，大家也開始提出建議。他們互相討論各自的市場狀況，說明哪些策略有效，哪些無法奏效。由於傑夫二號緩和了大家的不安，也讓大家明白不一定要知道答案，所以整個團隊才能一起合作解決問題，不必擔心自己說得不對或沉默以對，這一點非常重要。

如同我們在傑夫一號身上所見，當領導者感覺到備受威脅時，會讓身邊的人也產生同樣的感覺，造成合作與溝通的破局。而傑夫二號開誠布公的態度，讓同樣岌岌可危的團隊在會議之後不但沒有感到無助、士氣低落和壓力重重，反而充滿能量與自信，想要一起為公司開創更好的未來，大家都渴望努力尋找解決對策，而非陷入彼此攻防的破壞性模式。

不過他們所面對的難關不會一夜消失，珍妮絲每個月都把傑夫二號叫進辦公室，詢問他該如何增加業績。在第一季結束前，他們的銷售數還是明顯落後。每一次進到珍妮絲的辦公室之前，傑夫二號知道自己會承受許多壓力與挑戰，所以他懷著必須和珍妮絲溝通並保持開放與誠實的意念。在第一季結束的時候，傑夫二號對珍妮絲說：「我能理解妳對我們沒有達到目標的憤怒和失望，我也有同感。」傑夫二號先示弱，也同時卸下珍妮絲的壓力。傑夫一號把珍妮絲的壓力引導至他的團隊身上，但傑夫二號則是將壓力進行轉換，成為一股強大的力量。

傑夫一號和二號還有另一個區別，因為傑夫二號沒有重蹈將問題一肩扛起的覆轍，所以他願意向珍妮絲尋求協助。他說：「這些數字非常清楚地告訴我們，為了跟上時代，我們必須開始銷售內建軟體的產品。我們一直下折扣，但業績還是沒有起色，因為有非常多的競爭對手在賣我們沒有的東西。」

就這樣，珍妮絲也成為解決問題的一分子。她和傑夫二號公開討論收購一家小型照明公司的利與弊，這家公司已經有一些產品，因此可以加快創新的速度，以利珍妮絲的公司更快推出自有的軟體升級產品。透過坦然的求助，傑夫二號也運用自己的專業知識在公司內部進行積極改變。傑夫二號的下一步，是同意讓團隊成員選定最適合客戶的特定產品，珍妮絲則與開發團隊聯繫，討論從年度開發創新產品轉為季開發的可能性。這一切也引起了正向的連鎖反應，當團隊成員看見傑夫二號向珍妮絲求助後，他們也變得更願意提出問題。

傑夫二號和傑夫一號都竭盡自己的所能，但是傑夫二號沒有刻意壓抑所有的情緒，並試圖自己解決所有的問題，他坦誠地讓家人知道自己正經歷的問題。正因為瞭解傑夫二號在工作上遭遇的處境，所以家人們比較能夠體諒，彼此間的相處壓力相對小得多。傑夫二號也不會將自己的壓力發洩在家人身上，小孩有天晚上拜託他休息一下，陪他們一起出去玩，傑夫二號溫和地接受孩子們的提議，因為他知道公司不會因為他陪孩子們玩幾個小時就宣告倒閉。

第二天早上，傑夫二號神清氣爽地進公司，他發現自己比平常更靈敏和樂在工作，他記得以前每天固定晚上跑步之後也有相同的感覺，不過後來工作狀況變得不太穩定，也就放棄了跑步的習慣。後來傑夫二號重啟固定跑步的日常，並在跑步時反思當天發生以及隔天將面對的事。

傑夫二號一邊跑一邊回想自己覺得受威脅時的反應，思索自己什麼時候會退縮回原有的行為，什麼時候能夠與時俱進學點新的？哪些外在因素會影響他的行為？想著即將展開的一天，他問自己：什麼時候最可能覺得受威脅？自己又會如何回應呢？這段跑步時間逐漸成為傑夫二號修復自我的重要一環，也是他的沉思時光。

年底時，傑夫二號的公司加快了創新產品的週期，收購一家精通科技的小型公司，整個團隊的能力與應變能力更是日益精進。他們仍然面臨許多挑戰，傑夫二號肯定還是會在某些時刻感到焦慮和力有未逮，還是會縮回既定的回應模式，失去原本想開創新局的能力。他要解決的問題很複雜，所以傑夫二號偶爾還是會被壓力擊垮，被情緒牽著鼻子走。傑夫並不完美，他只是一個普通人，就像我們所有人一樣。不過，他愈來愈能運用「雙重覺察」，保持彈性，即使在最具挑戰性的時刻，也能做出對自己、對公司和團隊最有利的選擇。

◇◇◇

請花幾分鐘思考一下，找出能在個人或專業領域上有效運用「雙重覺察」的時刻。我們將在這本書中引導大家啟發並培養「雙重覺察」的能力，讓你擁有面對挑戰所需要的能力，跟上快速變動的世界，並在這個比過往更不確定的年代，學習與迎向豐富的人生。你將發現自己從被害人轉變成中間人，從僵化變成了探索發現，從恐懼變成了希望。期盼你已經準備好，並充滿鬥志地跨出第一步。

雙重覺察的練習

從行動中觀看自我的說法可能過於抽象，所以讓我們透過練習將理論概念轉化為實際行為。隨著練習的累積，你就能夠在與其他人互動時運用自如。

首先，想像你頭頂上的天花板有一片天窗，窗外是一片藍天，還有幾朵白雲，陽光從窗外穿透進來。再想像你從天窗上往下看著自己與周圍的環境，你看見自己與房間裡其他人的互動。請專注在周遭環境中的你，以及正在做的事或正與人互動的部分。並意識到你既可以進行正在做的事，又同時能夠從天窗上觀察自己的一舉一動。

接著，讓我們關照身體的感受。此刻房間裡的溫度如何？你可以感覺到衣服接觸肌膚的觸感嗎？或是腳踩在地板上的感覺？你的情緒呢？是焦慮、興奮、害怕還是無聊？你能觀照自己的思緒嗎（那些可能不想和房間內其他人公開分享的）？請花點時間說出至少一種你正感受到的情緒，以及在你腦海中閃過的想法。

你剛剛經驗的，正是雙重覺察的基礎模式——在環境中觀照自我。這樣的覺察隨時都能體現，但是在壓力爆表的艱難時刻，當我們把所有的注意力和資源都集中在解決當下的狀況時，就很難打開「天窗」。不過只要在壓力沒那麼大時多多進行「雙重覺察」的練習，之後在壓力下就愈能夠做得到。慢慢地，連在緊張、激烈、高度壓力（同時也最緊要）的狀況下也難不倒你。這樣，你就能擺脫隱藏在冰山之下的束縛，解開外部環境對你的能力與執行力產生影響的枷鎖，而你也將愈來愈能提出應對複雜新挑戰所需的新想法。

第二章 適應區與熟悉區

仔細聆聽細語，就不必聽到嘶吼聲。
——美國原住民諺語

雷蒙是一家地方能源公司的執行長，他的公司在關係緊密的社區當中扮演著重要的角色，因為這間公司是當地的主要僱主，有些員工一家好幾代人都在公司裡工作。雷蒙四年來自信滿滿地帶領公司完成一系列的改革，並深信公司正走在正確的道路上。身為公司的執行長，雷蒙在管理經營和激勵團隊時，無不表現出強大的魄力。他也是社區中的傳奇人物，因此在當地政治圈和慈善活動中備受矚目。

私底下的雷蒙和家人間的關係非常好，雖然工作時間很長，但他一定會保留足夠的家庭時間，也是一位盡責、慈愛的丈夫與父親。閒暇時，雷蒙大多和家人還有管理團隊的兩位同仁——戴夫與賽西莉的家庭一起共度。他們三家人和其他幾個人一起度假，孩子們上同一間學校，參加同一個運動團隊，感覺就像一個大家庭。他們在雷蒙的湖邊別墅度過了許多個週末，划獨木舟、烤肉，享受彼此的陪伴。

雷蒙每天當然有一連串的壓力需要面對，但是基本上他都能找到平衡點，直到企業環境開始產生變化，法規受到大幅度的修改，公司客戶和整個競爭的態勢也起了重大轉變。雷蒙知道如果想要因應這些變化，讓公司從中成長茁壯，勢必需要轉型，組織管理上也得進行大變動。

雷蒙在開車上下班的路上，針對公司的轉型深思熟慮。因為太熟悉這段路了，所以他可以把心思放在如何改造公司的計畫上，還出現很多「靈機一動」的想法。最終，雷蒙確認公司所面臨的挑戰，也決定必須進行的三項關鍵變革：積極提升產品進入市場的電子化能力、大幅降低成本、投資新技術與進入新市場。

進行這些改變是一項艱鉅的任務，也會對組織和員工產生重大影響。但是雷蒙覺得勢在必行，他信心滿滿地向董事會與執行團隊說明公司的新願景，然後再告知全體管理階層。雷蒙激勵團隊時總是充滿說服力，大家的反應也很正向，所以雷蒙覺得自己絕對能在大家的支持下，成功完成轉型的艱鉅任務。

戴夫和賽西莉似乎也對雷蒙提出的轉型願景與計畫十分熱衷，連帶也讓他受到鼓舞。無論是在執行會議上還是在私底下，戴夫和賽西莉都向雷蒙保證會帶領他們的團隊支持並投入必要的變革。戴夫和賽西莉不但是雷蒙的摯友，也是深受同仁尊敬的領導階層，而且對每項任務都使命必達。他們所帶領的是公司最賺錢、員工人數最多的兩個部門，也是這次最需要大幅改變的部門。雷蒙知道他需要戴夫和賽西莉的支持，才能讓這次的轉型成功完成，所以很感激他們的協助。

雷蒙所進行的轉型計畫非常困難，因為改變的層面實在太廣了，所幸公司的領導人全數一致同意，剛開始時也很順利，員工們都能接受這些改變是必須的，這樣公司才能有更好的未來。

然而在大張旗鼓地啟動轉型計畫的一個月後，狀況似乎不如預期。所有的事務好像又跟往常一樣，雷蒙也不確定問題出在哪裡。在兩週一次的例行執行會議上，每個人都說自己的團隊皆全力配合，但實際上卻沒進展。最讓雷蒙擔心的，是最需要變革的兩個部門（由戴夫和賽西莉所帶領），好像都停滯不前。

又過了幾個星期之後，雷蒙開始聽到謠言，說戴夫和賽西莉單獨和各自的團隊談話時，透漏他們對轉型的看法並不像在會議中那麼正面。事實上，戴夫和賽西莉的團隊帶領方式也和之前沒什麼不同。雷蒙起初對摯友竟然不支持自己感到不可置信，這簡直是嚴重的背叛，所以儘管愈來愈多現象顯示戴夫和賽西莉並未真正地投入，雷蒙還是拒絕聽信傳言。

隨著一天天過去，缺乏進展的跡象愈來愈明顯，轉型的速度停滯不前，其中進度最落後的，是戴夫和賽西莉的部門。日益流傳的訊息也讓雷蒙不得不正視問題，傳言戴夫和賽西莉明白指示團隊不必執行那些困難但卻是急需改變的決定。

雷蒙感到不知所措，所以繼續無視自己日漸生隙的懷疑，只是期待情況能夠好轉。他告訴自己公司的組織龐大複雜，很難在短時間內迅速轉變，他們應該是需要更多的時間罷了。這些自我安慰的話，只是讓狀況一再重複而已。賽西莉和戴夫在會議上大喊支持，但是出了會議之後各自的部門依然故我，轉型的腳步停留在原地打轉。但每個人，包括雷蒙在內，都表現得好像一切無恙。

很快地，雷蒙發現公司的績效開始下滑，他認為目前的危機已經對公司造成了生存威脅，因此更堅信自己的願景與轉型計畫是拯救公司最好的方法，甚至是唯一的出路。只是從目前的狀況看起來，公司的改變速度不僅緩慢，還好像根本沒變。

更沮喪的是其他人員看見公司的兩大個部門對轉型這件事虛應敷衍，也漸漸失去原有的支持熱度。雷蒙和公司高層公開的轉型言論，和實際作為的差距愈來愈大，整個組織裡的人也都有目共睹。在壓力不斷攀升之下，雷蒙的身心受到影響，晚上睡不好、酒愈喝愈多，更連續幾個週末缺席湖畔小屋的聚會。他推說自己實在太忙了，但某部分是為了避免跟戴夫和賽西莉打照面。

雷蒙的太太聽說了公司的事，也開始關心他的工作狀況。不知道如何回答的雷蒙變得煩躁、抗拒，現在連家庭生活都成了壓力來源。雷蒙的情緒起起伏伏，不知如何是好。

熟悉區與適應區

在生活中遇到狀況時，我們會在不同的情境「區」游移不定。這些情境區大致上可以歸納成兩個主要區域：熟悉區和適應區。想要在兩個區域中如魚得水、收放自如，則有截然不同的條件。熟悉區顧名思義就是已知與熟稔的外部環境，通常在這個區域中面臨的任務與挑戰，都是我們熟悉也有所準備的，我們明白狀況與「遊戲規則」，也已經建立了一套適合此狀況的反應、對策與行為表現，或多或少知道該怎麼做才能成功。

適應區指的則是一個新領域或「未知水域」的外部環境，在某些重要部分對我們而言是陌生、不確定或無法預期的。一旦身處這個區域，以往管用的模式、方法和解決方案可能就不敷使用，所以為了成功，我們需要學點新玩意兒。不過，我們也不確知想要得到好結果需要怎麼做，也不知道自己是否能勝任這項任務。

「刻意冷靜」就聚焦在學習辨識是否進入適應區，以及如何有效運行，好讓我們能選擇最有效的回應方式，而非落入陳年窠臼或被情緒淹沒。這也是「雙重覺察」的第一個重點——辨識所處的區域，並明白在特定的情況下為了達成目標和願望所需要做的事。

倘若我們缺乏這樣的覺察，遲遲沒有意識到自己正處於適應區，還繼續沿用根本不適合當前狀況的舊習慣和舊方法，那就會失去很多機會。另一方面，當我們學會在這個區域中輕鬆自如地遊走，就能有非常大的機會在適應區有所發現、創新和真正獲得轉變。

隨著世界愈來愈不穩定、不確定、複雜且詭譎多變，我們會發現自己處於適應區的機會愈來愈頻繁，並在毫無準備與裝備的情況下，面臨前所未見的新挑戰。因此，我們比任何時候更需要學習在適應區內自處。由於顛覆性科技不斷地推陳出新、訊息快速普及化、新技能的需求與競爭日益加劇、變革的需求加上當前的其他挑戰，都需要企業與個人展現創新的解決方法。倘若在這樣的情況下繼續守舊，可能會造成毀滅性的結果，但如果能抓住這個機會，或許能夠創造一個新契機，為個人和組織開創成長進步的空間。

風險的利害關係

無論身處熟悉區還是適應區，釐清自己及周遭其他人之間的利害關係非常重要。這些利害關係有時候是客觀的，例如生存受到威脅的情況；有時候則是主觀的，像是對於個人來說別具意義的機會和挑戰。但是不管基於主觀還是客觀，都會影響承受的壓力程度、如何反應以及當下可能做出的決定。特別是感覺風險極高時，我們的自然反應通常都不會是當下的最好反應。而「雙重覺察」能讓我們有意識地融合內在反應與外部環境的需求，做出最好的回應。

熟悉區

處於低風險的熟悉區時，就像進入自動導航模式，可以自在放鬆地享受當下，也是充電的好時機。熟悉區是一個可以磨練原有技能的安全地，我們也能在這裡得到樂趣，自由地玩樂、社交。例如：當雷蒙沿著熟悉的路線開車上班，或和家人朋友在湖邊放鬆時，就是他的低風險熟悉區。

我們通常認為一個低風險的熟悉環境應該就是所謂的「舒適區」，但在這裡會刻意避免做這樣的連結，因為這個專有名詞代表了兩個截然不同的部分——外在環境與內在經驗，而我們很可能處在一個熟悉也相對安全的環境中，卻感到不舒服與壓力，

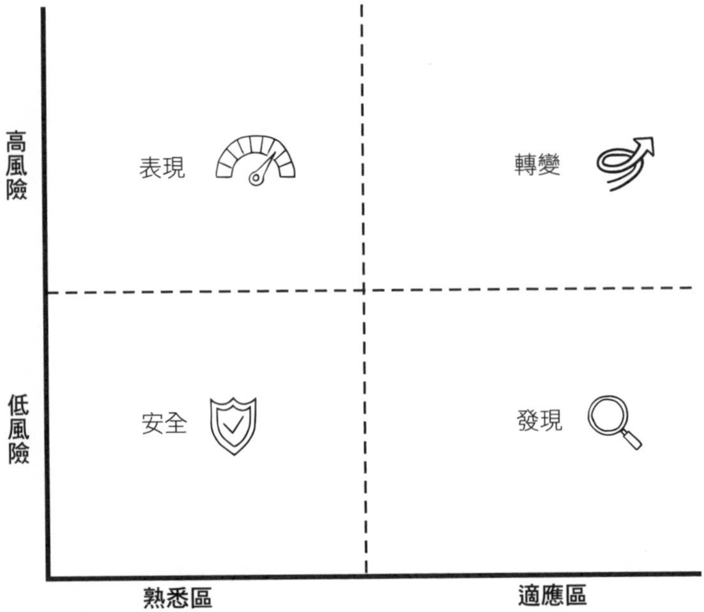

圖2-1　雙重覺察

這往往和我們內在被觸發的隱藏冰山有關。

舉例來說，即使在安全的外部環境中，只要出現一個微小、普通的觸發，都可能使受過創傷的人引發內在的巨大壓力反應。在這樣的狀況下，問題不一定是出於外在的威脅或危險，而是創傷的嚴重程度與被引發的內在恐懼。無論過往是否受過重大創傷，我們都曾經有被觸發的經驗，有時候就算在一個安全、熟悉的環境中依然感到不安。

放鬆，是身在低風險熟悉環境中最自然的反應。雖然許多領導人即便如此還是難以放鬆心情，不敢放心讓大腦開啟自動導航模式，或是騰出時間讓身心重新充電，但其實放鬆對整體的表現和領導能力有關鍵的作用。雖然自動導航模式有其負面的影響，但當情況許可時其實是有益的，因為我們可以把在這個模式下空出來的腦力和精神投注在其他事情上，可以放鬆一下，或是把省下來的精神用在更高壓的狀況。

此外，自動導航模式也有可能極富成效。許多人就像雷蒙一樣，在洗澡、洗碗或做其他日常瑣事時，隨便亂想的腦袋突然靈光一閃或開竅，解開了糾結已久的難題。有些人會利用啟動自動導航模式的時段來反思、考慮，或者進行被動式的學習、探索，像是在通勤時間聽有聲書或播客節目。這樣的自動導航模式讓我們能夠放鬆一下，也能幫助我們增加新知。

同樣地，無論是恢復身心狀態、打造一個安全舒適的空間或是維持健康習慣為身心充電，都是處於低風險熟悉區的有益活動。以恢復身心狀態來說，因為無須承受壓力也不必花心思努力做事，所以可以偷個閒休養生息。空出時間讓身心達到完整的復原，對我們的表現與駕馭不同區域的能力而言非常重要，稍後將會有一整個章節的詳盡介紹。

低風險熟悉區也是練習和演練既有技能的好時機，因為在這個狀態下不需要學習新事物，也沒有必須拿出實力的壓力，所以能夠讓我們在安全與熟悉的環境下精進既有的技能。就像頂尖的運動員和音樂家通常在一連串的密集練習之間，會刻意穿插低風險熟悉區的修復時段，以利維持在最佳狀態。

雖然處於低風險熟悉區，但是當風險變大時，壓力也會跟著拉高，不過我們已經擁有應對挑戰的能力及成功所需的方法，剩下的就是實際執行。理論上，我們會竭盡所能發揮最好的表現。就像雷蒙在他的領域範圍內掌握大局一樣，他能夠做出正確的決定、將願景轉化成令人信服的行動、啟發並激勵他人，並在為了公司的成功做出重大決定時充分授權。

在高風險的熟悉區中，需要深度的專注來進入心流狀態。根據心理學家米哈里·契克森米哈伊（Mihaly Csikszentmihalyi）的定義，心流狀態具有以下的特徵：明確的目標、感覺時間變快或變慢、本質上是獲益的、覺得輕鬆不費力、挑戰和技能相互平衡、行動和意識合而為一、失去自我意識的警覺，對手邊的任務感到駕輕就熟。

在這個狀態下，我們會覺得很自在，因為環境是熟悉的，同時也符合我們的期待和能力，而且不需要做任何的適應或調整就能成功達標。雖然可能會面臨挑戰，但都可以迎刃而解，因為我們對眼前的挑戰和時機早已做好必要的學習，剩下的就是拿出表現。

由於我們都擁有獨一無二的能力，因此每個人從活動和環境所能引發出來的心流也有高度的獨特性。領導者在進行團隊激勵或想像公司未來前景的時候，可能會進入心流的狀態；藝術家在受到啟發並完全沉浸在創作時，可能會進入心流的狀態；還有運動員在場上運用多年來的練習與精進的技能時，往往也會進入心流的狀態。

在這些進入心流狀態的例子中，每一個人都很努力，但看起來卻又不怎麼費力。就外行的眼光來看，運動員的動作、藝術家揮毫的畫筆或執行長流利的演講，看起來駕輕就熟，但實際上他們是在非常努力之下才達到此狀態。不過能夠心無旁騖地專注於正在做的事，並展現出全然的專業能力，也是令人欣喜的事。

精銳運動員在賽場上時常體驗到高度心流狀態的原因之一，是因為他們花費了生命中的大部分時間在身心上都做好準備（特別是在低風險熟悉區），等到最後風險更高的大型比賽時才能發揮最好的表現。例如：賽場上的遊戲規則是早就訂定的，而且不會中途改變，球場或體育場地也一如他們所預料，像是網球的球網設置和籃網高度都經過標準化的設定。

但是當負面意外（小失誤）發生以至於讓運動員的心流中斷時，最好的因應之道就是把它拋在腦後，繼續做早已準備好的事。他們必須也應該有能力根據對手的表現進行調整，不過這個調整依然是在已經建立的專業領域範圍內，不像在適應區中需要學習全新的技能。

在《比賽，從心開始》這本經典著作中，提摩西．高威（Timothy Gallwey）談到頂級運動員如何降低經常影響到極致表現的精神干擾。在熟悉區中要克服的「干擾」通常不是外在的障礙，而是來自於焦慮、反覆思考、自我懷疑和自大等等因素。如同高威所說：「選手的心中正在打一場心理戰，要克服的是精神不集中、緊張、自我懷疑和自我責備。簡而言之，就是克服所有阻礙優異表現的思維。」

適應區

我們在適應區的標準反應當然和在熟悉區中大不相同，因為在適應區中的我們還不知道怎麼做才能成功，所以只有執行和減少干擾還不夠。

當適應區的風險較低時，我們就有機會自由探索，不必承擔需要急迫解決挑戰的壓力，這時候就能發揮創意、發現新事物。許多事物就是在這樣的狀態下被發明的——幾位有名的創新發明家都是在自家車庫或實驗室裡敲敲打打、修修補補。在低風險適應區時不見得不需要付出太多努力，不過壓力確實比較小，這是因為風險較低的緣故，所以恐懼和危險的程度也會跟著縮減。這時候也是學習新事物以增加技能的好時機，無論是帶來成就感的嗜好或是跟解決當下問題無關的新技能。

隨著適應區的風險升高，我們也面臨了獨特的需求、風險和機遇。我們身處陌生的領域，想要做得好的確有壓力，在這種狀況下的挑戰需要我們做一些不容易或不是出於本性的事，而且如果失敗了，必須承擔真正的後果。這個狀況已經超出我們現有的能力，平常的習慣、模式和行為也不再如我們想要或需要的管用。

為了成功並達到目標，我們必須挑戰自己，拋開以往的成功模式，在緊繃的壓力和往往令人憂懼的未知中學習新事物。然而，正如我們將進一步探索的——人類對於不確定與高風險情況的自然反應卻恰恰相反，我們會採取防衛、保護的機制，並退回已知的模式，也因此產生了自相矛盾的狀態，就在我們最需要轉變和適應的時刻（高風險適應區），我們的典型生理反應卻是懼怕和保護，導致我們退回固有模式，而不是學習新事物。

以雷蒙的例子來說，當他處理身為執行長的日常工作時，這就是他的熟悉區。雷蒙工作努力，雖然有時候的風險也很高，但他的固有模式能應付這些挑戰，達到當下的需求。然後，雷蒙開始面對不同的適應區狀況，之前的固有模式不再發揮作用。現在，為了滿足當下的需求，雷蒙必須改變行為模式，通常這也包括改變隱藏在行為下的信念、想法和感受。

帶領公司進行大規模的轉型遠比雷蒙之前遇過的挑戰還要複雜，需要他革新、嘗試新事物，這使他身於適應區的範圍，雷蒙也知道這一點。但是當他與戴夫和賽西莉發生衝突時，他的覺察卻被一相情願的想法蒙上陰影，使他陷於否認的狀態。他的情緒緊繃、籠罩在不舒服的感覺之中，以至於不想面對這個衝突。他不斷逃避，無法或不願意慎重檢視事情的真相以及自己的真正感受。

當我們處於適應區時，就像雷蒙一樣，常常感到壓力、焦慮和不適，特別是風險攀高的時候。這些感覺或許令人不快，但它們是寶貴的訊息，也是一種邀請，引導我們覺察，並讓我們在為之後的精進建立新模式時更為熟練。假使我們拒絕接受邀請，就會錯失成長與進步的機會。我們可能誤判局勢，陷入自滿，固守失去效果的舊觀念以致於無法戰勝挑戰，或者貪戀舒適和安全而錯失大好機會。然而，退縮回固有的行為通常只會讓問題變得更糟。

學習與自我保護

由於轉型的進度始終停滯不前，雷蒙開始掛著黑眼圈進公司。戴夫和賽西莉依舊在執行會議上宣稱自己支持轉型計畫，雷蒙也一次又一次地逃避問題，導致他的領導能力逐漸受到其他同仁的不信任和質疑，會議中如果一再出現類似的狀況時，也開始有人忍不住翻白眼。

每個人顯然都很清楚雷蒙必須要求戴夫和賽西莉負起責任，其他執行團隊的成員甚至試著向雷蒙提起這件事。雖然雷蒙認為大家說的是事實，但他好像聽而不聞，因為他極度地拒絕相信真相，以致於無法客觀地認清現實。

時間一天天過去，雷蒙覺得愈來愈無助，晚上失眠的時候，他常常決定隔天要採取行動和戴夫和賽西莉談談。但是到了第二天，他就開不了口。在僅有幾次的對話中，戴夫和賽西莉老是說他們在推動轉型之前還有一些問題需要解決。雷蒙也總是讓他們就這樣過關，因為他真的很想相信他們。

公司的轉型以及戴夫和賽西莉的狀況，都屬於適應區的挑戰，也同樣有高風險。公司的未來岌岌可危，是什麼原因讓雷蒙在面對這兩個高風險的挑戰時，出現截然不同的反應。簡單來說，雷蒙為公司的轉型制訂策略時並不覺得自己受到威脅，但是缺乏隊友的支持讓他冰山底層的核心身分受到威脅。感到安全和覺得受到威脅讓雷蒙在處理這些問題時處於兩個完全不同的情緒、心理和精神狀態。

這帶我們來到「雙重覺察」的第二個部分：認知內在處於哪一種情緒、心理和精神狀態，以及這個狀態是否最適合當下的外部環境。無論在哪一個區域都會有各種不同的狀態驅使我們的表現和運作，所以最重要的是學習如何在適應區最可能產生的兩種狀態——自我保護和學習之間進行切換。

自我保護

覺得受到威脅時，無論這個潛在威脅確實存在，或單純只是大腦和身體對當下環境的反應，我們的自我保護狀態隨即會開始運作。人類傾向將不熟悉或未知的狀況視為一種威脅，這讓我們自覺或不自覺地作出保護的反應，包括保護我們的想法、意見、生活、工作、朋友、家庭以及社區。

在不確定的狀況下，我們渴望熟悉的舒適感，所以傾向採取過去管用的作法。這麼做讓我們凍結在冰山模式之中，而且容易被情緒所牽動，因此引發適應性的矛盾狀態。因為創造出讓我們進入適應區、需要找出新方法和答案的同樣狀況，卻也引發恐懼和焦慮，導致我們退縮並使用過時的策略，而不是去學習、探索、創新，並隨著狀況做調整。無論當下的狀況如何，只要我們感知到威脅就會進入保護狀態，即使風險愈高、愈需要去適應，但我們也愈可能切換到保護模式，無法舉足向前。**換句話說，當狀況愈需要我們適應時，我們卻愈難也愈不可能做到。**

不過即使處於不需要真正適應或沒有威脅存在的熟悉區，還是有可能在個人因素的觸發下，切換到自我保護的狀態。在這樣的情況下，我們所經歷的是主觀意識中認為對自己具威脅性的事物，這絕大部分源自於我們的隱藏冰山。在這種情況下，需要面對的是恐懼本身。

在真正高風險的適應區中，有三個主要因素會讓我們的保護狀態升高。第一，個人觸發因素，因此我們必須覺察並管理自我的內在反應。第二，有一個真正存在的挑戰，這更需要我們切換到學習狀態。最後，當適應區的挑戰不只威脅到自身，也威脅到周圍的人時，更需要我們（但也比任何時候更困難）成為冷靜思考的領導者。

當雷蒙感覺可能遭受戴夫和賽西莉的背叛威脅時，他立即切換到自我保護模式。他無法認清事實，也不知道自己需要一個不同的回應方式來面對這個新情況，所有的注意力都集中在遭到背叛這件事，以致於無法觀察並進而覺察自己的內在發生了什麼事。他回復到固有的行為模式，表現出典型的保護行為：控制、壓制、受害者心態、過度理性和逃避。

這樣的反應很正常，進入保護狀態的我們會盡量低調、按兵不動，並愈來愈專注於保護自己的身分、觀點、陳述與內在邏輯。我們會緊緊抓住這些，並捍衛它們，而不是考慮另一種不同的觀點，或試著學習新事物。

大量的研究顯示，適應區的風險愈高，創新的程度通常愈低。在其中一項實驗裡，實驗參與者各分到一根蠟燭、一個打火機和一盒大頭釘，然後被要求將蠟燭排在桌面上，並且蠟燭本體及點燃後滴下來的蠟油必須距離桌面至少十公分。這項任務需要參與者跳脫傳統的問題解決方式，嘗試創新的想法，利用盒子裡大頭釘來固定蠟燭並搜集滴下來的蠟油。也就是說，這些參與者都處於適應區。

其中一組參與者被告知如果在十二分鐘內完成任務會得到現金獎勵，另一組則什麼也沒有。因此得到現金獎勵的這一組在適應區的風險跟著提高，而高風險影響了他們的表現，結果與低風險的那一組相比，高風險這組成功解決問題的機率相對較低。

值得注意的是根據研究，我們對外部環境的內在反應可能引發自我保護機制；所以內在環境對我們個人的狀態，有著舉足輕重的關鍵。當我們因為睡眠不足、吃得不夠營養或是體力耗盡卻得不到充分休息時，身體就會產生壓力，這時候更容易將外部的觸發因素視為威脅，也會輕易啟動保護的機制。就如同雷蒙在開始睡得少、酒喝得多時，就很容易引發保護機制。

處於保護機制狀態聽起來好像很糟，但這是人類狀態的一部分，在面對極少發生的生存威脅狀況時，保護機制能夠挽救我們的性命。正因為生命中總有不可預期的事情發生，所以覺察的目的不在於避免受到保護，而是無論出於某種原因感覺受到威脅時，能自主切換到自我保護機制。重點是培養我們需要的覺察和工具，引導我們進入當下最適合的狀態。

雖然大致上來說，我們應該減少觸發保護機制的時間，但絕對不需要拿在保護機制下的行為來評斷自己。就像即使我們已經傳授了這些技能給無數的領導者，但有些時候也仍然會發現自己出現保護行為，而且次數比我們願意承認的還要多！同樣地，出現保護行為的雷蒙也不是個不好的人，只是無法有效解決問題罷了！固有的想法使他無法解決當前的問題，但事情可以不必如此。

學習

在學習的狀態時，我們擁有好奇的初學者心態，願意與他人建立聯繫並參考他們的觀點，探索新的可能性與方法。事情不一定總是完美，我們還是會感到壓力，覺得情緒緊繃，也許依然得面對未知，也沒有足夠的知識或技能來解決當下的問題。但是在學習的狀態下，即使感覺不舒服還是能夠自在，因為我們不會將這種感覺視為威脅。我們覺察到了不確定性，知道自己需要學習新事物或採用不同的思考模式，而且能將其視為成長的機會。這使我們能夠做出有效的回應，並獲取成功必備的技能。

我們可以透過雙重覺察發覺外部環境的要求，並刻意進入學習的內在狀態。當我們這麼做時，就可以選擇如何連結、應對和回應。然而最重要的，是在學習狀態中保持內在的專注，不被動等待外部環境發生變化，而是全然的接受，並用自身的力量來改變情況或調整自己，掌握自己在這個狀況中的體驗。我們發現只有自己能決定如何回應自身的想法、情緒、信念和行為，也因此決定自己的結果。透過覺察，就能夠讓自己做出最適合當下所需要的思考與行為模式。

若能融化我們的內在冰山並改變它，就有可能顯著增加停留在學習模式的時間。想要這麼做，基本上需要減少讓我們覺得受威脅的事。低風險的熟悉環境能讓人感到真正的安全，在熟悉區中的無往不利也足以幫助我們保持學習的狀態。不過隨著熟悉區的風險增高，我們也非常可能切換至保護狀態．在這樣的狀況下，如果能夠使用心理機制來鎮定神經系統，就能幫助我們做出最好的表現。想要在日益動盪的世界中學習和領導，勢必會面臨許多處於適應區裡的挑戰。而練習雙重覺察以及刻意冷靜，能幫助我們在最重要的時刻切換到學習狀態。我們也將在整本書裡展示學習刻意冷靜的方法。

危險時刻

當經歷創傷或疲累不堪時，也代表我們正陷入即刻危機之中；而長期處在保護狀態太久，也可能會進入危險狀態。這是一種壓力的極端反應，通常會讓人變得過動（「攻擊」的極端壓力反應），或不動（「凍結」的極端壓力反應）。我們無法在這樣的狀態下正常運作，可能會昏倒、癱瘓，或是出現其他生理症狀。這不是軟弱，只是面對極端威脅的生理反應。

通常在生命遇到危險的時候，我們就會進入危險狀態。不過從心理層面上來說，倘若一個人的核心認同受到威脅時，也會出現同樣的結果，這也是為什麼社群媒體如此具有殺傷力，對青少年來說更是如此。當我們在網路上遭到攻擊、霸凌或甚至被忽視時，感覺就好像自己的身分認同也受到威脅。若是缺乏覺察和自我調整的能力，這樣的威脅感可能會更強烈，從而進入危險狀態。

我們的身體無法長期處於危險狀態中，若是出現長期的壓力時，就會使我們經常在保護狀態與危險狀態間游移不定。在保護狀態中的我們會感到焦慮、反覆考慮，有時候會造成極大的不適。然而一但切換到危險狀態後，身體的腎上激素和皮質醇會上升，讓我們做好「攻擊或逃跑」的準備。若是長時間處於保護狀態，激升的腎上激素和皮質醇會變得習以為常，好像沒有了這些激生的激素就缺少了什麼。如果這樣的狀況持續太久，可能形成具危險性的上癮循環，然後直到身體不堪負荷，無法再過正常的生活，這時候就需要很長的復原期才能回復到正常。

基本上我們很少進入危險狀態，但知道它的存在很重要，特別是處於極大或長期心理壓力或外在壓力之下。這時候必須好好照顧自己，適度休息並給予復原的時間。如果經歷了創傷，我們的建議是請務必尋求專業協助，診療可能遺留的創傷後壓力症候群症狀，直到完全復原。

學習狀態的切換

在雷蒙為公司轉型尋求突破的這個時間點，我們以外部資源的身分加入公司，為某些部分的轉型進行支援。一開始馬上就有幾位執行團隊成員提到戴夫和賽西莉的部門問題，他們想試試能否藉由我們的幫助讓雷蒙瞭解通盤的狀況，我們也隨即和雷蒙展開討論。

雷蒙似乎非常清楚問題出在哪裡，他承認自己也看出戴夫和賽西莉的部門特別缺乏進展和對轉型的支持，並因此減緩了整體的進展速度。然而雷蒙固守保護狀態，繼續逃避必須針對戴夫和賽西莉的行為作出回應的艱難決定。我們的第一步，是幫助他透過冰山的探索覺察自己為什麼還不採取行動的原因。

在公司的人力資源主管陪同下，我們詢問坐在會議桌前的雷蒙，是否願意以稍微不同的方式梳理眼前的挑戰，雷蒙欣然同意。我們請他閉上眼睛、放鬆心情。等到他的呼吸趨於平緩後，我們引導他想像自己在湖邊度過了一個輕鬆週末後的星期一早上抵達辦公室。接著想像自己進入會議室開始進行主管會議，然後發現每個人都在場，唯獨兩張椅子空著，因為戴夫和賽西莉並未出席。

雷蒙的臉上露出笑容，所以我們問他：「你有什麼感覺？」

「鬆了一口氣。」雷蒙回答：「感覺這兩個絆腳石不在，我們終於可以積極進行轉型，重新討論真正的議題。」

我們請他睜開雙眼，問：「這代表了什麼？你可以做些什麼實現剛剛想像的狀況嗎？你可以在少了兩個阻礙進步的團隊成員之下，繼續進行公司的轉型嗎？」

「我無能無力。」雷蒙無奈地說：「事情已經傳開了，現在要他們回頭來支持我已經太遲，況且他們也不會對我坦誠相待，我不可能再信任他們的意見。」

「好吧。」我問雷蒙：「如果你不認為他們能夠改變，那你能怎麼做？」

雷蒙重重地嘆了一口氣，搖著頭說：「我經常想到這一點，我唯一的選擇就是請他們走人。但是我又不能解僱他們，這麼做會毀了我們的關係，也會對彼此的家庭造成很大的傷害。我覺得自己就像個被禁錮在原地的囚犯，什麼也做不了。」

依我們看來，雷蒙正陷於深度的保護狀態中，因為他深受可能會破壞友誼這件事的困擾與威脅，使他無法從客觀的角度和內在反應建立客觀地覺察，導致出現危險的盲點，也限制了他身為領導者的效能。他找不到解決當下情況的出路，因為他把自己的友誼和社交圈置於一切之上。

「如果你沒辦法解決這個問題，會導致什麼樣的後果？」這次我們換一個問法。

「轉型這件事就不會發生。」雷蒙果斷地說：「公司將會蒙受損失。」

「這對九千位依賴這家公司維生的員工家庭，代表了什麼？」

「嗯……我們可能得減薪。」雷蒙說：「我們就得辭退很多人。」

「這對整個公司會有什麼影響？」我們繼續問：「你認為哪個後果比較嚴重？員工的生計還是你的友誼可能因此被破壞？」

雷蒙就像頓時從迷霧中走了出來，他深深嘆了一口氣，張開眼睛看著我們，臉上掛著頓悟和懊惱的表情。他說：「我一直搞錯了優先順序，公司的未來當然更重要，我必須對所有的員工負責。」

隨著我們更進一步交談，雷蒙之前的行為背後隱藏的原因就益發顯露，他認為如果辭退了戴夫和賽西莉，不但會影響到彼此家庭的關係，也會威脅到他身為摯友及傑出社區成員的核心身分。

倘若雷蒙及早練習雙重覺察，可能會更快獲得頓悟，或許就能在為時已晚之前解決問題，並讓戴夫和賽西莉歸隊。這也是刻意冷靜如此重要的其中一個原因——使我們能夠聆聽外部環境和內在思想、心靈與身體告訴我們無法再安於現狀。如果我們聽不到，那些聲音通常會愈來愈大，最後變成了尖叫嘶吼。

在雷蒙頓悟的瞬間，他看到自己需要將公司放在個人關係之前，也瞭解到自己出於保護狀態下的迴避和否認，對事情不會有任何幫助。為了拯救公司，他需要停止在保護狀態下採取行動，然後消除以為自己無法採取行動改變現狀的想法，這樣他就能切換到學習的狀態。

雷蒙在接下來的一週與戴夫和賽西莉進行艱難的對話，雷蒙在這些對話中表達自己對他們的行為感到失望，但是也理解他們的想法。因為他們對周遭的改變感到受威脅，所以才在保護狀態下做出回應，可惜現在想要回頭或改變都已經太晚了。戴夫最終離開了公司，賽西莉則被調到另一個部門。

他們之間的友誼也如雷蒙預想的受到負面影響，不過只是在一段時間之內。諷刺的是雷蒙最終危及甚至傷害的友誼，正是他原來堅決保護的。這樣的事情很常發生在保護狀態之下，如同俗話所言：「我害怕什麼，就會創造什麼。」

以當時進行公司轉型的情況來看，少了戴夫和賽西莉對雷蒙反而是一大解脫。現在他終於意識到自己的行為如何導致問題，也可以面對而不是壓抑自己的感受，感覺就像是卸下了一個重擔。雷蒙感到筋疲力盡，所以事情告一段落之後，他第一件事就是在沒有戴夫和賽西莉的陪同下，和家人一起到湖邊度過週末假期，他只想放鬆，享受和家人共度的時光，然後為下一步做好準備。

雷蒙神清氣爽地在星期一早上回到辦公室，深深感受到當時一直以為自己別無選擇，把自己困在死胡同裡。現在沒有了戴夫和賽西莉的阻礙，他可以自由掌控局面，積極開始轉型。團隊的其他成員看見雷蒙展現真正的領導力，為公司的願景積極運作，也開始跟著積極投入。

刻意冷靜不是一勞永逸的事。藉由覺察和選擇讓我們能夠在適應區和熟悉區之間運作，是一種終身的實踐，唯有如此才能夠有目的地帶領我們所在的組織和群體，實踐目標，並成就真實的自我。刻意冷靜是為了培養辨識和預期個人是否處於保護狀態的能力，並做出有意識的選擇，而不是靜待整個情況的自然改變。

我們繼續與雷蒙共事，幫助他進行覺察的練習與信念的重建，讓他擺脫不再有效的思考模式和行為。雷蒙開始把自己照顧得更好，也建立了日常的練習習慣，更能夠覺察到外部環境狀況與其所帶來的挑戰，以及驅使他做出冰山行為的自我內在的想法、信念和情緒。漸漸地，雷蒙重新贏得團隊的信任與支持，一起用開放的態度合作、探索和學習新事物。最後，雷蒙成為公司開創新局的轉型領導人，公司內部的轉變也從而順利展開。

瞭解你的區間所在

不同的區間和狀態看起來好像流於理論，所以就讓我們實際看看這些區間如何在你的生活當中發揮作用。首先，請先花點時間想想今天面臨的三個挑戰或機會。之後，請針對每一個挑戰回答以下的問題：

1. 這個挑戰主要位於熟悉區還是適應區？什麼原因讓這個挑戰或機會屬於熟悉區或適應區？
2. 你面對的這個挑戰或機會的風險是高還是低？
3. 在面對這個挑戰或機會時，你有多少時間是在保護的狀態？你認為是什麼觸發了你進入此狀態？
4. 在面對這個挑戰或機會時，你有多少時間是在學習的狀態？你認為是什麼因素讓你進入此狀態？

以上是發展雙重覺察的基礎，這些問題可以幫助你保持對自己所處區間的覺察，並瞭解自己在什麼情況下會受到觸發而進入保護或學習的狀態。之後，你將學習在不同狀態間流暢切換的能力，以利在變化的環境中適應、成長，超越自己目前的潛能。

第三章 大腦與身體的連結

在刺激和反應之間，有一個空間。
我們有能力在那個空間裡選擇自己的反應。
這個反應展現了我們的養成與自主能力。
——維克多．法蘭可（Viktor Frankl）

瑞希瑪是一家國際軟體設計公司的公關總監，她以自己的工作為傲，工作更是她的生活重心。瑞希瑪在一個大家庭中長大，她常覺得自己是被忽略或埋沒的那一個，也覺得只有突出的成績表現才能讓自己脫穎而出，所以工作也成為瑞希瑪自我認同的身分核心。

瑞希瑪大約一年前來到這家公司，目前為止與公司執行長莫妮卡面對面交流的時間並不多。現在，她將首次在莫妮卡面前發表一項新計畫。瑞希瑪從同事口中得知莫妮卡在這類會議中可能會很強勢，如果她滿意你的表現，就會問一些艱澀的問題，想要把你問倒。換言之，如果能扛下這個挑戰，就能在老闆面前大放異彩。

但是如果莫妮卡不滿意，再多解釋也沒用。所以瑞希瑪做了萬全的準備，她花了很多時間確認整個報告完美無缺，也準備好回答任何挑戰性的問題。

到了發表會議這一天，瑞希瑪卯足全力，但是莫妮卡整段時間似乎都心不在焉，好像明明想說些什麼卻又忍住不說。瑞希瑪發覺她一直注意時間，然後頻頻低頭看手機。由於莫妮卡的動作太明顯了，瑞希瑪也跟著緊張了起來。她開始冒汗，心跳愈來愈快，但還是忍耐著，而且刻意展現報告中最優異的部分，希望能引起莫妮卡的注意。但是不管她怎麼做似乎都無濟於事，莫妮卡沒開口問任何問題，好像完全不感興趣。

瑞希瑪開始感到煩躁，甚至有一點恐慌。心裡面有個聲音不斷出現，她不由自主地輕拍自己的腿並尷尬地扭動脖子。「大勢已去了……」瑞希瑪心裡想著：「她根本一點興趣也沒有！這是我第一次真的有機會讓她刮目相看，但我完全搞砸了！我還有下一次的機會嗎？」幾分鐘之後莫妮卡突然喊停，結束了這次的會議，瑞希瑪連忙衝進最近的廁所裡，忍不住流下眼淚。

為了全力以赴地準備這次的報告，瑞希瑪一直沒休假，所以她在會議結束後決定請假散心。然而即使人在休假中，瑞希瑪還是無法放鬆心情，她不斷反覆思考那場發表會議，想要找出自己到底是哪裡做錯了，才讓莫妮卡那麼地興趣缺缺。她的內在聲音指出是因為她的工作成果不夠好，莫妮卡大概會找人取代她，或者乾脆取消整個計畫。瑞希瑪認為自己如果想繼續留下來參與計畫，就必須在這個計畫流落到其他人手中之前投入更多時間，想辦法把報告做得更好。

瑞希瑪返回工作崗位不久，就在公司的員工餐廳遇到了莫妮卡。這次的莫妮卡和之前會議中的感覺完全不一樣，不但很專注也很親切。但是光看見莫妮卡就讓瑞希瑪回想起那天的事，心跳也不自覺地加快，手心開始出汗，彷彿又回到那間會議室裡，拚命地想要拉回走神的莫妮卡，最後卻還是徒勞無功。

「嗨！瑞希瑪。」莫妮卡走向她說：「我想要再聽聽妳正在進行的計畫。」

喔不！瑞希瑪整個僵住，她握緊拳頭，臉上露出緊張的表情，因為自從那天的會議搞砸了以後，她根本沒再碰那些報告，而且莫妮卡不是不滿意那天的報告嗎？現在為什麼又提起？她擔心如果莫妮卡發現自己根本沒做任何修改的話，事情可能更糟。

「那個……抱歉。」瑞希瑪不敢和莫妮卡有任眼神接觸，她結結巴巴地回答：「目前還沒有任何的進展，我以為……好……我想……我覺得……那個……還需要更多時間。」

莫妮卡露出困惑的表情，然後感覺她的心思又飄走了，瑞希瑪在心裡狠狠踢自己一腳。她想：「我又搞砸了！我怎麼一直這樣！」瑞希瑪認為莫妮卡顯然對之前的報告內容感到無趣，所以現在唯一可以挽救自己的方法就是重新再來一次，甚至改變整個計畫的導向。

瑞希瑪請莫妮卡再給她一個月的時間，這一次瑞希瑪再次全力投入，她修改了計畫導向和報告的方式。但是兩個星期之後，莫妮卡通知瑞希瑪計畫必須擱置，因為他們有了新的優先事項，由於瑞希瑪的計劃比他們原先想像的還要複雜，而且如果瑞希瑪還需要一個月才能向大家做說明，那她一定離完成還有一大段距離。

觸發、回應與錯誤預測

對於人類大腦和身體在感到威脅時的反應有兩派觀點，兩者都足以解釋瑞希瑪跟莫妮卡一起在會議室與之後在員工餐廳裡發生的事。其中比較為人熟知，也在許多書籍中提到的，就是在面臨威脅時，我們會承受高度的壓力，然後在觸發和回應的過程中啟動保護狀態。也就是說當我們視為威脅的事物出現，在這事物刺激之下的結果，讓我們產生了壓力反應。最典型的例子就是如果我們被一隻獅子追著跑，我們的大腦和身體就會做出「攻擊、逃跑或凍結」的回應準備。

目前在主流書籍當中的解釋，是一旦位於大腦底部的杏仁核察覺到立即性的潛在危險時，就會發出求救信號，啟動壓力反應。這個反應會刺激交感神經系統，引起多種化學物質的釋放，讓身體集中求生的資源。尤其是腎上腺素的血流量會增加，以便身體做好快速反應的準備。這也就是為什麼心律在壓力下會變快，為的是讓血液輸送的速度更快。此外，皮質醇會幫助身體製造更多的葡萄糖，葡萄糖是能量的來源，能促進大肌肉的效能並補充能量。

然而這個過程同時會抑制副交感神經系統，這個系統的功能非常重要，它負責身體在無壓力狀況下的休息運作。當壓力反應化學物質促使我們停止思考並馬上做出回應（攻擊或逃跑或靜止不動）時，大腦重要的前額葉皮質部分——負責計畫、工作記憶、情緒處理、認知彈性，就會面臨作用執行的挑戰。我們的大腦及全身都有接收這些化學物質的神經肽受體，讓身體的不同部位能在受到威脅時接收到信號，並根據需要做出反應。我們的胃部也有許多接收壓力反應化學物質的受體，所以當我們覺得或預期事情可能出錯時，真的會出現腸胃怪怪的「直覺」，有時候甚至會有反胃和噁心感。不過我們也可能將生病或吃了不好的東西所引起的噁心感，誤認為是什麼地方不對勁的直覺。

所有的這些都解釋了瑞希瑪因老闆的不贊同，而產生了「威脅」感所引起的生理與心理反應。她在會議中焦躁不安，心跳加速、手心出汗、胃也痛了起來，頭腦混沌不清的她也無法向莫妮卡提問，或想辦法弄清楚到底是怎麼一回事。在員工餐廳的時候，瑞希瑪雙手緊握、身體冒汗，腦袋一片空白，這都是因為她的身體做出「攻擊」的準備，外部的刺激觸發她進入壓力的狀態，她的大腦警覺到恐懼，同時釋放出伴隨著傾向產生恐懼反應的化學物質。

丹尼爾．高曼（Daniel Goleman）在《EQ：決定一生幸福與成就的永恆力量》一書中將這個過程稱為「杏仁核劫持」（amygdala hijack），從字面上的意思簡單來看，就是指我們在承受到壓力時會切換至保護狀態，但這樣的解釋並不完整，對大腦如此神奇的部分也不公平。杏仁核不僅僅只是恐懼中心，隨著科學家對大腦運作的原理愈來愈瞭解，我們也愈來愈清楚整個全貌。

情緒的建構

近來有一項新興的科學觀點得到大眾的特別關注，這要特別感謝許多專家，尤其是美國東北大學（Northeastern University）心理學系教授麗莎．費德曼．巴瑞特（Lisa Feldman Barrett）。這個新觀點指出，我們不會單純只因為外部觸發就進入保護狀態，就像在會議室或員工餐廳裡的瑞希瑪，她的背後顯然沒有一隻獅子追著她跑。而我們也常會在沒什麼生命危險的時刻感到壓力爆表，所以壓力反應不可能只是單純的觸發和回應的簡單邏輯。

根據新興的觀點，我們的情緒不是源自於外部觸發產生的反應，包括恐懼在內其實都是自身所建構的，且結構非常複雜。我們的情緒是基於對自己是否（或即將）處於危險之中、危險的結果是否即將降臨、或者是否自認一切都會成功或保持安全，是大腦預測接下來會發生什麼事的結果。當大腦預測我們是安全的，而且在可預見的未來也是如此時，我們就能輕易地保持冷靜並進入學習狀態。假若大腦預測我們正處於或即將處於危險之中，甚至只是面臨不確定的狀況，就會進入保護狀態。

讓我們看看大腦是如何產生這個預測的過程。維繫安全是大腦的主要功能之一，而且一天二十四小時全天候守護。因此，大腦會時時保持警覺，並透過感官對外部與內在環境進行「掃描偵測」，然後將接收的訊息聚集在大腦的中心樞紐——腦島之中，接著大腦會利用這些訊息來調整身體各部位的運作。

舉例來說，如果偵測的結果顯示一切安全，然後我們又即將進食時，大腦就會對身體發出產生口水的信號，來幫助消化吃進去的食物。反之，如果顯示可能有潛在危險時，大腦就會根據需要作出反應，盡快把我們帶回安全的處境。當瑞希瑪開始報告後，她的感官偵測出威脅的信號，所以大腦透過心跳加速、肌肉緊繃和專注在潛在危險的方式，來讓身體做好攻擊或逃跑的準備，以確保她的安全。

以上到目前為止幾乎都符合「杏仁核劫持」的概念。不過為了節省時間與精力，並快速有效地進行理解，大腦的預測主要是根據過往的經驗、當下的身體感受和所處的環境而來。大腦是身體最「昂貴」的器官，需要百分之二十的身體總能量來維持運作。所以只要一有捷徑並能節省精力時，大腦就會立刻抓住機會，這也是大腦為什麼會倚賴固有行為模式的原因。

也因為有了這些既定的捷徑，在遇到和以往相似或經歷過的事物時，我們便不必浪費過多的時間和精力就能夠理解。無論經歷的事物是好是壞，大腦中都有數十億個神經元負責從過去的經驗中篩選出相似的例子，接著再由大腦依據上一次發生的地點、人、事物或情況所產生的精神、情緒與身體感受，來預測即將可能發生的狀況。

倘若大腦接收的訊息與過去感到安全的狀況吻合時，我們就能維持學習的狀態；如果是與過去感到威脅的狀況相吻合，就會進入保護狀態，然後大腦就會將其視為潛在危險的來源，並替身體做好回應的準備。這個完美的機制在我們遇到危險時，能以非常快的速度做好準備與回應，讓我們回到安全的狀況。

讓我們回想在員工餐廳裡的瑞希瑪，她的身後並沒有虎視眈眈的獅子，莫妮卡也只是簡單詢問她非常關心的計畫後續。但是瑞希瑪的大腦將這次的狀況與之前跟莫妮卡在一起時發生的威脅情況連結在一起，所以她的大腦預測自己可能再次受到威脅。因此她的身體集中火力在生存與讓瑞希瑪回到安全的狀態，而不是仔細思考該怎麼回應，好讓老闆留下深刻的印象。

另一方面，如果大腦篩選不到與之前經驗相符合的事件時，就表示我們遇到的是一個新的體驗或不確定的狀況，這時候大腦也會持續保持警戒，因為這是從前沒發生過的，所以無法確定我們在這個新狀況下是否安全。這也說明了為什麼我們在面對新的體驗時常感到壓力，即使這些新體驗大多屬於正面性質，就像即使對於擔任新職或進行新計劃報告感到非常興奮的同時，卻也感受到相當的壓力。而大腦會一直保持警戒，直到發生以下這三種狀況：認為情況是安全的、已經藉由過往的經驗和知識瞭解整個狀況、或是已經學習了新的經驗，然後這個新經驗與訊息將成為未來預測類似狀況時的基準。

大腦運作的過程只有一個重要目的，就是為了活命！何況若真是到了生死交關的危急情況下，實在也沒時間讓我們發揮好奇心或創造力。然而，由於大腦運作的方式是透過一個預測的過程，所以會以「舊」知識來回應新狀況，也不一定能分辨真實的威脅（被獅子追）和心理覺得受到威脅（失望的老闆）的不同。倘若遇到真正的危險時，身體能快速反應當然是一件好事；但是如果是後者，就可能大大阻礙了我們保持開放並冷靜嘗試新事物的機會，因為這些情況正是我們最需要進入學習模式，同時利用大腦進行思考的時機，但因為大腦不確定這些情況是否安全，以至於讓我們退守保護狀態，直覺做出基於恐懼的行為。

很不幸地，這樣的狀況就發生在瑞希瑪身上。更糟糕的是這樣的事其實完全可以避免，因為瑞希瑪根本沒有面臨到任何實際上的威脅，一切都是她大腦所預測的結果，也是導致她進入保護狀態並造成不幸後果的罪魁禍首，在這個事件中，真正的危險根本不存在。

你可能會覺得怎麼可能？現在讓我們從莫妮卡的觀點來看這件事。在會議之前，莫妮卡非常期待瑞希瑪的報告，也想多知道這項新計畫的內容與進展。然而就在會議開始前，莫妮卡接到女兒打來的電話，說是覺得自己好像得了闌尾炎，可能需要做緊急的醫療手術。

莫妮卡的女兒住在另一個城市，所以莫妮卡認為自己不必急忙趕搭飛機過去，反正再怎麼趕也來不及在手術之前抵達醫院，所以她決定先待在原地等消息。而就在瑞希瑪進行報告不久，莫妮卡接到女兒丈夫傳來的簡訊，說女兒正要進手術房，然後一有消息會再通知莫妮卡。

可想而知，莫妮卡在接下來的會議時間裡想必會心神不寧，因為擔心女兒的健康，她根本無法集中精神聆聽瑞希瑪說的任何事，更何況還要隨時注意電話是否有簡訊傳來。假使莫妮卡當天能想辦法專注，她會佩服瑞希瑪的工作成果。但是強烈的情緒壓力使她無法集中注意力，對瑞希瑪到底說了什麼幾乎充耳不聞。

直到瑞希瑪請假的那段時間，莫妮卡的女兒才完全康復，她也才發現自己在瑞希瑪報告當天雖然恍了神，但還是對這項計畫非常感興趣。莫妮卡特別在行事曆上註記，等瑞希瑪回公司之後，要盡快約個時間跟她見面談一談。

所以莫妮卡很開心能在員工餐廳巧遇瑞希瑪，不過她立刻就注意到瑞希瑪的反應，也覺得有點困惑。她記得之前的瑞希瑪不會如此緊張，在會議中對自己和工作也不會這麼沒自信，她也發覺瑞希瑪似乎有點魂不守舍。

瑞希瑪的反應以及要求再給她一個月的工作時間，著實削減了莫妮卡對這項計畫的信心，她以為整個計畫本身有自己沒察覺的大問題，所以當場就決定暫時擱置。

意義製造機

現在我們可以看出那天在那個會議室裡，其實並沒有客觀的威脅存在，而是瑞希瑪的大腦做出預測並嘗試搞清楚狀況後，產生了被威脅的感覺。基於預測的作用，複雜的大腦簡直就是一臺意義製造機，這從人類豐富的歷史故事上就顯而易見。故事是人類史上最偉大的創造之一，從許多方面來說也是人類有別於其他動物的原因。我們透過故事或敘述來解釋這個世界的運作以及找到屬於自己的歸屬，只是其中也有負面的影響，因為有一些大腦製造出來的故事，我們認為是真的，事實上卻是完完全全的虛構。

我們根據自己的生活經歷創造出個人的故事，這些故事為生活增添色彩，而我們也在潛意識中不斷尋求證據證明這些故事確實存在，同時將這些證據輸入之後的預測過程。好比有人告訴一個小孩他在嬰兒時期就被收養，這個小孩可能就認定是自己的生母不要他。他可能更進一步認為自己就是沒人要，甚至覺得是自己不夠好，才會沒有人要他。這個故事最後很容易形成根深蒂固的信念，並凍結在這個人的冰山之中。而這個小孩長大成人後，可能只要在感覺不受歡迎或自己不夠好時，就會覺得受到威脅，僅僅只是沒被邀請參加某個會議，就可能觸發他被拋棄的個人故事，導致他的大腦進入保護的狀態。

我們的大腦也透過預測來解讀其他人的情緒。但是當我們認為自己正在解讀別人的情緒時，其實是大腦根據我們解讀對方的臉部表情所做的猜測。只是臉部表情並沒有特定的意義，有可能基於當下狀況的不同代表很多不同的意思。是我們的意義製造機根據事件的前後關係與過去的經驗，將故事附加在其他人的表情表達裡。

這樣的狀況，就出現在瑞希瑪觀察到莫妮卡看起來很無聊且不感興趣的事件上。只是她真正看到的，是莫妮卡對女兒的健康突發狀況感到恐慌。但瑞希瑪的大腦忙著從以往的經驗裡篩選出類似的情境，一旦找到了，立即貼上「無聊」的意義標籤，接著瑞希瑪的大腦針對這個情緒表達創造故事，告訴自己莫妮卡會覺得無聊是因為自己的工作表現不夠好。

小時候的家庭經驗也強化了瑞希瑪的潛意識，讓她很容易就掉進自己就是經常被忽略或被忽視的想法，所以莫妮卡的反應會讓瑞希瑪感受到強烈的威脅，因為她認為工作是唯一能幫助自己脫穎而出的強項，現在卻連這點也被忽視了。這也讓瑞希瑪的身分認同受到強烈的撼動。

在瑞希瑪的大腦潛意識中，這就好比對她個人存在的威脅，所以才導致之後的反應。只是從旁觀者的客觀角度來看，這個威脅並非真正存在。如同我們所知，莫妮卡只是在會議中無法集中精神，並未對瑞希瑪的表現感到不滿。由於瑞希瑪處於高風險熟悉區，這次的報告與會議結果對她來說十分重要，她也具備了成功所需的條件，但是她的內在觸發使她切換至保護狀態，也因此阻礙了整體的完美表現。

即使只是關乎個人的事件，我們的大腦和身體也有複雜的連結系統。在一項實驗中，研究員將旅館的房客分為兩組，他們告知其中一組所進行的運動十分有益健康，且符合積極生活的建議。對另一組則不管是職業型態、運動模式或生活方式都一概不提。研究員測量兩組的體重、血壓、體脂肪以及腰臀比，然後在不改變生活方式的前提下，四週之後又測量了一次，被告知運動做得好的那組出現明顯的健康結果。這組的實驗參與者只是覺得自己的運動量增加了，但與另一組相比，他們的健康指標竟然都有所改善。

根據史蒂芬．波吉斯（Stephen Porges）的多重迷走神經理論（polyvagal theory），從人類的腦幹到腸道有一條稱為迷走神經的中樞神經，這條神經有許多分支而且非常重要，特別是在調節身體壓力以回應內在與外部環境的作用上。其中一條稱為腹側迷走神經的分支，是社交互動的關鍵。腹側迷走神經從我們小的時候即開始發展，有助於建立嬰兒與母親之間的連結。這條神經與臉部和中耳肌肉相連，當我們覺得安全時便會迅速啟動，驅使我們參與社交互動。這是一種「神經覺」的反應，是身體偵測周遭環境是否安全的能力。迷走神經在這些情況下，具有調節的作用。

如果大腦接收到生命面臨真正危險的訊息時，背側迷走神經就會啟動並參與運作，導致我們變得麻木、封閉、無法和他人連結。值得注意的是這些危險的訊息並不客觀，一樣只是基於直覺，以及過去事件所帶來的內在與外部影響所產生的潛意識或主觀反應，完全憑藉經驗與自己的想法而來。

就像瑞希瑪的胃痛一樣，當胃開始隱隱作痛時，她告訴自己一定是壓力太大所造成。所以在她的想法中，這股壓力不但造成之後更嚴重的噁心感，還導致她認為這種噁心感完全和壓力有關。但是瑞希瑪想的或許是真的，也可能未必如此，說不定是真的得了胃病。

想法既能影響覺察能力，相對地也會受到覺察力所影響。當我們和瑞希瑪一樣處於保護狀態時，我們的覺察力完全被過往的經驗所綁架。但是倘若能刻意將一部分的注意力放在客觀的觀察角度，就能夠對真實情況、情況的解讀以及這個情況如何影響我們的內在（或我們的內在如何影響當下的情況），有更客觀的覺察。

瑞希瑪事實上並不知道自己胃痛的原因，但是她的大腦將胃痛解讀成危險的信號，之後瑞希瑪在員工餐廳遇到莫妮卡時，她覺得胃又開始痛了，這是因為她的大腦預測接下來將會出現類似的威脅情況。而她和莫妮卡相遇的這個大腦預測，很不幸地也變成一種自我實現。

許多的個人認知想法最後都會變成自我實現的預言。就拿瑞希瑪的例子來說，她認為莫妮卡對報告不感興趣，而且還覺得失望，但最初根本不是這麼一回事，是直到瑞希瑪以保護狀態作出反應才造成事實的結果，而她也繼續尋找證據，證明自己認為莫妮卡興趣缺缺的想法千真萬確。

如果瑞希瑪具備雙重覺察的能力，就能夠在會議中透過覺察的「天窗」往下看，或許就能注意到莫妮卡是多麼地心不在焉，而她自己又是多麼的焦慮和渴望引起莫妮卡的注意。說不定她就能看出自己對於莫妮卡為什麼不感興趣的想法並不真確，也就能敞開心胸接納其他的可能性。

假使瑞希瑪能在會議結束後告訴自己，「可能有五個不同原因導致莫妮卡的心不在焉，但是我現在先不去作無謂的猜測，暫時就先這樣。」或許結果會全然不一樣。之後她在員工餐廳再次遇到莫妮卡時，可能就不會那麼緊張和尷尬，防備心也不會那麼強。也許她就能夠心平氣和地詢問莫妮卡那次會議的情形。而如果瑞希瑪能有不同的反應，那麼莫妮卡（她的大腦也在編造瑞希瑪為什麼在員工餐廳裡會有那種反應）可能就不至於認定這項計畫離完成還早得很。

學習與多巴胺的關係

另一個對學習和適應能力有極大影響的化學物質，是神經傳導物質中的多巴胺。

多巴胺不會啟動壓力反應，而是和愉悅感及行動力有關，更是大腦獎勵機制的關鍵要素。當積極正向的（好）事發生時，大腦就會釋放出多巴胺，我們也因此感覺愉悅，而這個愉悅的感覺正是讓我們更有動力想要繼續維持下去的助力。

以我們對大腦預測過程的理解，多巴胺顯然可以幫助我們進入學習的狀態。我們現在已經知道，就大腦而言能刺激多巴胺釋放的「好」事，並沒有絕對客觀的判定，每一件事情都可以是好或壞，端看我們如何看待與解讀，因此我們也可以根據自己的解讀，製造出正面積極的情況。

也就是說，無論面對什麼樣的挑戰，都可以運用刻意冷靜的技巧，刻意以感恩的心態來接受，藉此增加多巴胺的分泌，同時也增進繼續學習的動力。假使能在一項長期計畫的過程中慶祝每一個階段的成功，就能引發多巴胺的釋放，也可以提供繼續努力所需要的動力。此外，真正享受並接受挑戰，並將挑戰視為學習的機會，也能增進多巴胺的分泌。另外一個正面的好處，就是能改變大腦在下一次遇到類似狀況時的預測結果。

不過假使缺乏足夠的復原時間，卻還不斷追求興奮與成就感，就會造成多巴胺的失衡。在達成一個大成就和精力興奮的感受之後，隨之而來的通常是失落的情緒，這是多巴胺再次回到平衡的結果，也是提醒我們需要復原的徵兆。如果我們在多巴胺還沒恢復平衡之前繼續追求快感，就可能造成上癮的危險。

改變你的想法

瑞希瑪的故事結局令人遺憾，但是如果瞭解她的大腦和身體的相關運作，可以發現過程中其實有一些機會，可以讓瑞希瑪從保護狀態切換至學習的狀態。

我們可以透過改變個人的想法和接受新思維的開放態度，學會從保護轉為學習的狀態，這麼做有助於減少我們視為威脅的事物。當冰山融化了，心態出現翻轉，想法與感受也隨之改變之後，就能做出更好的預測。因為我們獲取了改變的力量，不再受到個人的過去、想法以及情緒的控制。

培養雙重覺察的能力也是不可或缺的一環。從神經科學的定義來看，外感受（exteroception）廣義來說，指的是對於來自體外刺激的感知；內感受（interoception）是對源於體內刺激的感知。而雙重覺察的核心則是內感受與外感受的整合，倘若我們能夠提升雙重覺察的能力，瞭解身體與思緒的狀況，及其與當下情況和環境之間的關係，就愈能夠客觀地明白自己的反應與作出這個反應的緣由。如此一來，就能從情緒和感覺中抽離，以理性來看待整個事件，甚至重新建構我們的感覺與情緒。

在大多數的時間裡，我們幾乎對自己潛意識作出的主觀想法和預測絲毫不覺，但這些想法和預測卻時時刻刻形塑著我們的思想、感受、情緒和生活體驗。刻意冷靜所著重的一大部分，就是覺察到自己的主觀想法，然後調整自我，以達到可以接受其他選項的狀態。

若是在刻意冷靜的狀態下，瑞希瑪會在會議前立定自己想達到的目標，在會議中覺察到自己切換至保護狀態時，會停下來重新調整。舉例來說，或許瑞希瑪原本覺得「我的壓力好大，這簡直是一場災難」的想法，就可以變成「我超緊張的，但也很興奮，因為這次的會議對我來說很重要」。這個簡單的轉變就能讓一切完全翻轉，因為如果能把壓力和正面的事物連結在一起，就可以減少威脅感。如同我們若能把面臨的挑戰和使命感連結在一起，也會得到相同的結果。

即使只是一個覺得安全的「想法」，都能讓瑞希瑪打開學習的心防，讓她對發生的狀況感到好奇，而非認定事情就如同自己所想的那樣。這個安全的「想法」其實就足以安定她的神經系統，讓瑞希瑪即使在壓力之下也能有出色的表現。

倘若瑞希瑪能覺察到自己內在的變化，結果可能會有什麼不一樣呢？她可能會想：「我自己是這麼想的，但不一定對，根本沒有證據證明莫妮卡不喜歡我的報告，我只是猜測而已。」

有了那樣的覺察，瑞希瑪或許就會選擇先讓自己暫停一下，作個深呼吸，然後刻意換個想法，她會告訴自己：「好吧，先不去多想，但我還是想知道現在究竟是怎麼回事。」如果瑞希瑪能夠繼續保持冷靜，以開放的心態和好奇的角度思考當下對自己最有利的選項，然後決定該怎麼做最好。

或許她可以開口問：「莫妮卡，妳看起來好像有點分心，是不是我的報告哪裡不妥？我覺得有點緊張，所以想問問妳的想法。還是說妳有其他的事情？我們可以安排其他的時間，或是我可以改變一下報告的方式，讓妳能夠比較清楚地瞭解？」

我們永遠也無法百分之百確定莫妮卡接下來會怎麼想或如何回應，但她很有可能對瑞希瑪說明自己因為個人因素所以沒辦法專心，並建議重新安排報告的時間。如此一來，瑞希瑪的大腦就不會將當下的狀況歸類為具威脅性，因為她是在感覺安全的狀態下。此外，如果瑞希瑪在會議之後針對這個事件進行反思，那麼下一次當她在員工餐廳遇到莫妮卡時，或許就可以避免掉進情緒黑洞，造成愈來愈糟的局面。

雖然大腦有時會做出對我們不利的假設，但也具有驚人的學習力與成長能力。當大腦內的神經元間建立了新連結時，就是學習的產生。圍繞在我們周遭的世界就像唱片的播放凹槽一樣，在我們的腦海中一天一天周而復始地轉動，如果我們能不斷對自己強化自我價值與自我認同的想法，就能在安全的狀態下接收新的事物、新的想法和新的觀點，不再受到慣性的限制，也就能打開一個全新的世界。

在這個更開放的狀態下，我們的心態是積極、雀躍的，但還是可能感受到壓力。聽起來好像有點矛盾，但請想想小時候學騎腳踏車時，爸爸媽媽在後面雙手緊緊牽扶住車身，免得你摔倒時的情景，以及後來他們放開手，但你一開始沒發現還是繼續安心地踩踏板，雖然因為害怕所以還是有點壓力，但是你知道自己是安全的，所以這個壓力是正面的，甚至是好玩的，也能在壓力下學習。

在這樣的學習狀態中，大腦的神經系統和為身體做好社交準備的腹側迷走神經，都處於活躍的狀態。因此，我們樂於與他人互動、能接受不同的選擇和結果、願意進行試驗和學習，即使在壓力下也能保持參與的熱誠。此外，在這樣的狀態下，我們更能夠控制自己的表現，還可以像自己的爸媽（牢牢扶住腳踏車）一樣給自己一顆定心丸，在安全的狀況下自由高飛。

你的故事是什麼？

刻意冷靜最重要也最困難的部分，就是覺察自我的想法。表面上看起來這個想法當然不像是虛構的故事，比較像是客觀的事實。但是如果你能採取開放的心態，就會發現真相有時候並不是非黑即白。下次當你感到有點壓力、焦慮、沮喪、憤怒或煩躁時，請停下來、深呼吸，然後問自己以下的問題：

- 對於現在發生的事，我的想法是什麼？
- 我對過去發生的事有什麼樣的想法，因而導致現在這件事？
- 我認為現在發生的這件事，會造成未來可能發生的什麼事？

現在，請再花一點時間探索另一個不同的想法，不一定和之前的完全相反，只要不一樣即可。或許從以下的開頭開始會有幫助：「說不定真正發生的情況是……。」寫下來可能也會有幫助，怎麼寫都可以，與此同時不要做任何的批判。

如果你能在每一次覺察到自己即將進入保護狀態時，重複以上的練習，你的個人認知或想法就會產生愈來愈微弱的影響力，也就愈能夠以好奇而不是恐懼的心態，對新事物作出回應。

第二部分

刻意冷靜的方法

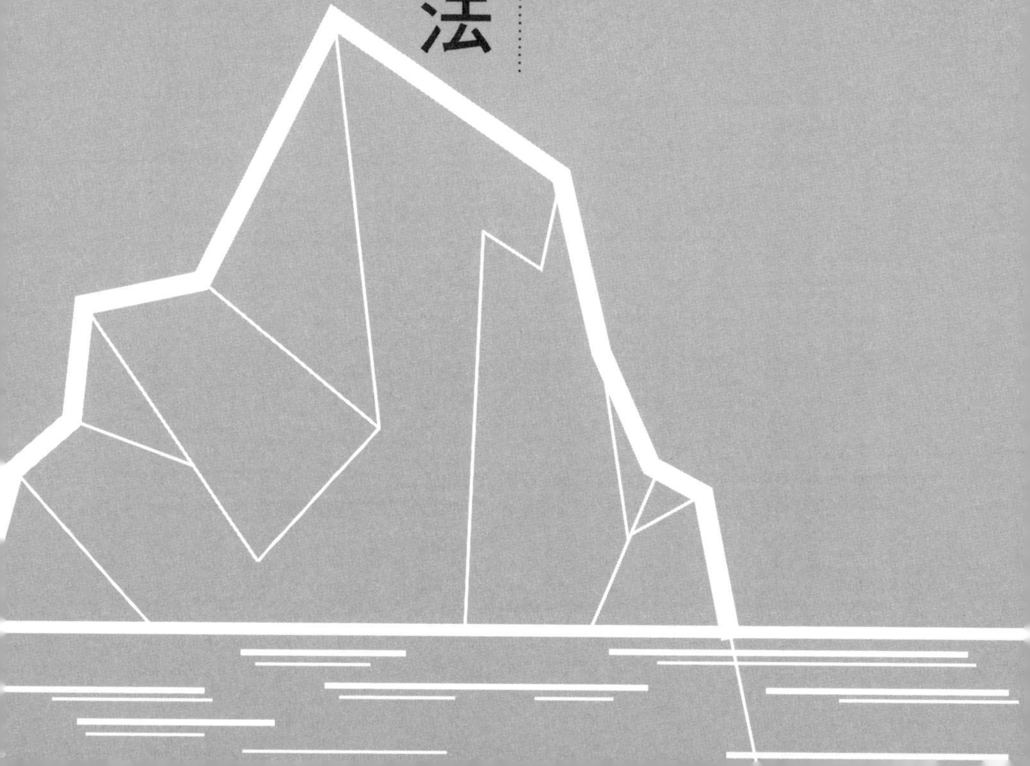

第四章 冷靜的內涵

我們不能用製造問題的思維來解決問題。

——亞伯・愛因斯坦

一家全球能源公司的管理團隊，正在一個僻靜的地點針對公司的前五十名優秀員工進行為期兩天的訪談。他們逐一與這五十位員工的主管進行討論，檢視每個人的績效和領導能力，目的是為了從中找出能接任重大決策與事業發展的候選人。

第一天的訪談即將來到尾聲，排定的四位主管中有兩位已經完成針對下屬表現的討論，並得到來自團隊其他主管的意見和回饋。現在輪到瑪麗。瑪麗是該公司在歐洲的最大區域負責人，在公司有將近十年的資歷。然而當團隊一開始討論「她的人」時，氣氛就變了。原本聚焦在公開、客觀地評估公司前五十名員工的優勢和發展的談話主軸，突然變得有點劍拔弩張。

「德魯已經在公司兩年了。」瑪麗一開場就說道：「他是我部門裡的明日之星，每個人都喜歡他，我認為他具有真正的領導潛力，我們明年絕對應該考慮讓他升職。」

「德魯上一季幫我進行了一項計畫。」和瑪麗同樣在管理團隊中的同事東尼說：「他錯過了幾個非常關鍵的截止期限，解決問題的速度也很慢，我認為他在執行和履行承諾方面還需要加把勁。」

瑪麗一一描述自己部門員工的表現，類似的對話也一再上演。她對每一個下屬的表現幾乎都讚賞有加，而且聽不進別人的意見。當同事提出回應，並拿其他候選人的表現一起做比較時，瑪麗變得非常激動，不但反駁了同事的觀點和意見，還堅持自己的人選應該被評為最佳表現。在瑪麗看來，她的部門成員有三分之二都是這五十位員工當中的佼佼者。

隨著討論的進行，氣氛也跟著愈來愈緊繃，其他同事顯然被瑪麗如此公開推舉自己人感到沮喪。她完全不考慮其他人的意見，使得大家也無法對瑪麗的成員進行客觀並基於實證的討論。這讓原本已經是工作漫長的一天，變得更加疲憊難熬。

瑪麗在會議中的言行其實算是她的正常發揮，每當她旗下的人和管理團隊一起開會或進行報告時，她常常跳出來為他們辯駁。有些成員對於主管能支持自己感到很開心，但是卻讓期待員工能自行解決問題的內部主管覺得很失望。

訪談結束後，主管們一起喝酒小聚，原本緊張的氣氛也稍有緩和。其中一位同事金姆在大家面前揶揄了瑪麗，他說：「妳一定要告訴我們是怎麼辦到的，所有頂尖的人選都在妳的部門，妳的秘訣是什麼？」瑪麗疑惑地看著金姆，但是他連珠砲似地繼續說：「我不得不欽佩妳，妳願意替妳的人槓起來，如果我像妳一樣為他們而戰，我的團隊一定愛死我了，更別提我的小孩了！」

只不過金姆可能不知道，瑪麗確實對她的女兒譚雅採取了類似地保護策略。譚雅是同輩朋友當中，聚會時唯一還需要媽媽親自接送以確保安全的人。瑪麗的丈夫大衛對女兒的管教沒那麼嚴謹，所以兩個人經常為了譚雅搞得夫妻關係緊繃。

瑪麗身為領導者和母親的行為，似乎對她的管理團隊成員、同事和家人，都產生了始料未及的後果。即使她所處的環境屬於熟悉區，但她本身顯然是在保護狀態之下，她的自我保護行為則是拒絕對話、討論和合作。倘若瑪麗是在一個安全並熟悉的環境中，那是什麼原因觸發她的威脅感並進入保護狀態呢？瑪麗的觸發因素源於內在，來自深藏在水面下的冰山底層。

由於瑪麗對雙重覺察一無所知，所以不曾意識自己的區間所在、情況所需，也不知道觸發自己進入保護狀態的因素，或是自己當下的行為是否洽當。瑪麗自己和周圍的人根本不瞭解她的冰山，但這即將有所改變。

冰山的層面

正如前面所提到的，我們將冰山分成四個相互作用的層次結構，每個層次都強化了我們的自我想法，同時在不知不覺中形塑我們理解這個世界的認知，並引導我們做出滿足需求的行為。而透過覺察，我們可以覺知冰山的四個層次，以及它們如何相互作用，然後取得認同，接著改變行為模式，最終得到更好的結果。

想法與感受

湯瑪斯教練以輔導的角色加入訪談會議。在第二天早上的會議開始之前，他和瑪麗一起吃早餐，順便聊聊前一天的觀察。他先問瑪麗對於下屬中有百分之八十的人都被她評為表現出色的想法。瑪麗思考了一下，然後在安靜的早餐室中承認這個比例似乎不太正確。

湯瑪斯向瑪麗解釋冰山理論後，問她是否願意一起潛入水面下，看看冰山底下是什麼驅使著她的行為。瑪麗對自己的個人成長與發展非常好奇，立刻就答應了。

湯瑪斯已經和瑪麗確認需要改正的行為——不聽其他人的意見和批評，只一味提拔、維護自己人。瑪麗提到自己不是第一次聽到這樣的批評，但是自己還是改不過來。接著，湯瑪斯問瑪麗想改變成什麼樣的行為？希望以什麼樣的姿態出現在管理團隊的會議中。

經過幾次討論之後，瑪麗說自己想成為一個善於團隊合作的人，並公平地進行這五十名員工的評選。根據瑪麗自己的說法，她必須聆聽同儕的意見，然後依每個人的表現評分，以便客觀地做比較。

這是瑪麗想要在會議中表現的行為，但實際上並沒有，湯瑪斯在一旁觀察時也是如此。湯瑪斯詢問瑪麗在會議中的表現是否符合她想要的行為，瑪麗很快就承認兩者大相逕庭。她說：「我一下子就跳出來維護自己人，完全忽略同儕的意見。」

湯瑪斯接著問瑪麗，當東尼提出和德魯有關的評論時，她有什麼感覺。瑪麗馬上說：「我覺得很沮喪，還有一點生氣。」湯瑪斯請瑪麗說出當時的想法，她說：「德魯是個好人，這種抨擊對他不公平，我不能眼睜睜讓這種事發生。東尼為什麼不管管他自己部門的人就好？他的團隊問題那麼多，現在還來批評我的？」

這類的想法通常稱為「自我對話」，或腦子裡不斷循環播放的想法。我們常常不自覺地重複相同的想法，次數多到甚至左右了現實中發生的事。我們每天有成千上萬的想法，其中有很多都是重複的。

想法和感受是極度個人化的事，即使處於相同狀況下的兩個人，也不太可能有一模一樣的想法或感受。說起來很合理，好像也不需要多作解釋，不過絕大部分的原因是因為我們的思想和感受有相互支援和強化的作用。

就像瑪麗沒有理由質疑自己對東尼批評德魯所產生的不滿，因為她的沮喪和憤怒支持了她的想法。瑪麗「當然」認為東尼做錯了，因為她的憤怒和沮喪一定事出有因。而瑪麗的負面「自我對話」——看看東尼自己做錯了那麼多事！也證明了她的沮喪和憤怒情緒。

這種自我強化的循環使得東尼提出和德魯有關的意見時，瑪麗永遠不會產生任何不同的想法或感受。倘若瑪麗自認自己有生氣和沮喪的理由，然後她的下屬又受到不公平的對待，她當然會做出防備的反應。瑪麗的感受和自我對話驅使她作出反擊，並捍衛自己的團隊成員。

心理學家蘇珊．大衛（Susan David）在情緒敏捷的研究中顯示，如果能超越像是生氣、快樂或悲傷的表面「保護傘」，並更深入瞭解隱藏在特定情緒下的細微差異，通常會有莫大的幫助。例如，有人正感到焦慮，但是更深層的感受可能是困惑、擔心、害怕、脆弱、小心翼翼，或是以上這些情緒的組合。而掌握雙重覺察的意思，往往指的是能更深入探查我們的情緒。

對瑪麗而言，她其實在那當下可以有不同的感覺並聯想到其他的事。像是她可以覺得好奇，並想：「這真是個好機會，東尼在這方面很有經驗，或許他能給我一些有用的意見。」或是她也可能感到失望，並想：「德魯那次真的表現得不好，他能從那次的經驗學到些什麼？」

如果瑪麗在當時有以上任何一個反應，都很合理。但是為什麼瑪麗卻反而產生了憤怒與沮喪的感覺和另外的想法呢？那是因為我們的感覺和想法並非客觀生成，也不是隨機發生，而是來自於冰山的下一層。

心態與信念

瑪麗現在已經覺察到她想表現的行為與實際做出的行為，以及促使兩種行為背後的想法和感受。接著，湯瑪斯必須深入瞭解瑪麗的冰山，幫助她探察對於領導力與保護他人的心態和信念。他發現瑪麗有一個侷限的想法，導致她的感受、思想和行為在這種情況下造成意料之外的後果。她過於專注在維護自己的團隊成員，以至於無法聆聽並與同儕一起客觀評估員工的表現，也錯失了充分理解東尼特別關心的原因，以及如何與德魯討論這些問題的機會，這個機會說不定能幫助德魯更有可能獲得升遷。因此，在專注於彰顯和維護自己人的同時，瑪麗也在不知不覺中阻礙了他們。

湯瑪斯詢問瑪麗是基於對領導力的什麼想法，才會在會議上出現那樣的行為，這一個問題通常需要花更多的時間深入思考。冰山的第三層隱藏了我們默認的心態和潛意識中認為這個世界如何運作的信念，需要更深入的探究才能清楚可見。這些心態是我們用來觀看自己與周遭世界的濾鏡，也是形塑個人觀點的核心，是由影響我們如何看待與體驗事物的假設和邏輯思緒所構成。

我們從生活中發展出個人的心態，包括童年的深刻印記，加上成長的文化與生活經驗。這幾個因素強化了我們的信念，讓我們認定如何獲取所需及避免受到傷害的方法。這些信念不僅來自於當前的現實狀況及其所帶來的影響，也包括了過去發生的事及其原因，以及我們預期未來可能發生的事，還有我們所扮演的角色與責任。當遇到某種情況時，心態能幫助我們迅速解讀，並影響我們的想法與感受，最後驅使我們的行為。

心態對於行為以及生活各方面所牽動的影響結果實在太大了，試想：人類每秒鐘可從周遭環境接收超過一千一百萬位元的訊息，但是我們的大腦每秒只能處理大約五十位元，這連其中的百分之一都不到，而我們能理解並記住的訊息還更少。

我們的大腦如何決定處理哪些訊息並忽略哪些訊息？哪些訊息是我們能夠關注、解讀和記憶的？哪些又是幾乎不會注意到的？我們什麼時候會深思熟慮地處理訊息？什麼時候又會潛意識地走捷徑，導致偏見的產生呢？而隱藏在冰山第三層的心態，就扮演著了關鍵作用，它不但驅使我們關注哪些訊息，也影響我們如何解讀這些訊息。換句話說，我們都透過「心態」這個濾鏡來看世界，它形成了一個過濾網，只允許某些經歷和數據進入，其他的則被排除在外。

心態對於幫助我們在這個複雜的世界中簡化做決策的時間和精力，有非常關鍵的作用。如果我們每秒鐘都要試著理解感官丟過來的一千一百萬位元的訊息，我們的生活大概得原地踏步。然而也因為過濾之後的訊息過於主觀也不完整，所以我們的心態很容易出現盲點。也因為我們的心態自動過濾掉很多訊息，所以基本上我們也看不到自己、他人以及現實的完整樣貌。而在盲點的限制下無法看清全局，通常會導致意外的結果。

這正是發生在瑪麗身上的事。她的心態製造了一個盲點，使她無法用更開放的態度接受同儕的意見與批評，也無法用更具彈性的方式為員工辯護。為了探查製造出盲點背後的心態，湯瑪斯請身為主管的瑪麗反思，說出她認為領導者應該與成員維持的關係，並以德魯作為討論的例子。瑪麗思索了一會兒，這些潛在心態是她從未碰觸或思索的。最後她說：「我想，照顧我的人並保護他們，讓我覺得自己是個好的領導者。我認為公平對待就是如果他們做好自己的工作，就應該得到照顧，而我身為領導者的工作職責就是盡一切能地為他們爭取應得的權益。」

在這樣的觀點下，瑪麗認為自己應該照顧自己人，更有責任確保他們不會受到傷害，她顯然知道培養員工很重要，但卻習慣性地先保護他們。

湯瑪斯試圖釐清瑪麗的想法，他說：「所以，妳是他們的戰士，妳的主要工作是保衛團隊的安全。」這是一個有趣的解釋。作為確保團隊各個都成功不失敗的戰士，感覺上瑪麗必須為德魯和團隊其他人是否成功負起責任。她還認為所謂成功的領導力，就是幫助下屬避免受到傷害。

這麼聽起來，她之前令人有些費解的行為似乎更合理了，任何認定瑪麗這種觀點的領導者，如果在會議中聽到管理階層的人質疑德魯的工作表現時，都會像瑪麗一樣做出類似的回應。是想，假使我們能將整座冰山讓自己和周圍的人都看得清清楚楚，我們的生活將會有非常大的不同。

我們當然不是唯一透過隱藏冰山的限制來看待現實的人，事實上每個人都是，每個人的觀點都受到個人經歷、文化、需求和恐懼的影響。我們之中有許多人都沉浸在一種幻覺中，以為我們看到的世界（無論從哪一個觀點）都是真實的，因此客觀來說也是對的。居於保護狀態下的我們，無法以開放的心態去改變和學習，因此在這樣的狀態下與人互動時，會產生誤解和衝突就不足為奇了。這常常是因為兩座不同的冰山，或者應該說是兩種截然相反的世界觀相互撞擊的結果。這一切都在無形中發生，因為每一個人都看不見對方的冰山。

倘若兩座冰山撞擊時，我們正處於保護的狀態下，那我們會堅持自己的立場，並以堅信現有的自我觀點和信念來做回應，在這樣的狀況下幾乎不會產生任何的交流或成長。然而如果在那一刻我們能接受並承認自己的認知有限，願意從他人的經驗中學習，並試著從別人的角度看事情，那我們就能擴展對這個世界的觀感，並解決那些光靠自己無法解決的複雜問題。

瑪麗的心態沒有對或錯之分，因為在許多情況下這樣的心態的確幫助她成為一個優秀的領導者，大家會想為她工作，在員工之間的聲譽也會很不錯。但在進行員工評選這件事上，同樣的心態卻讓她和管理階層產生隔閡與疏遠，也使她對自己人的表現、發展和成長機會無法產生客觀與現實的看法。

湯瑪斯建議瑪麗試著想出另一種有幫助的心態，讓她能在類似情況中表現出心目中的理想行為：聆聽同儕的意見、願意團隊合作，以便對公司的這五十位優秀人員進行公平的評估。湯瑪斯問：「想要做到這些，妳需要有甚麼樣的信念？」

瑪麗思考了很長一段時間，最後終於開口。她說：「為了成為一名高效能的領導者，我需要確保自己能夠客觀地評估員工的表現，勇於面對成長的挑戰，並從錯誤中吸取教訓。」如果瑪麗能以這樣的心態行事，的確能讓她在當下的感受、想法和行為與以往產生很大的改變。她告訴湯瑪斯，她會很好奇自己的員工如何應對挑戰，也相信他們能夠做得很好，但同時她會做好準備，並在需要的時候出面協助與指導。瑪麗現在的「自我對話」會是：「現在輪到他們發光了！很好奇他們的表現。如果他們做不到或做不好，這也會是個讓他們學習成長的大好機會。」在這樣的感受和想發的驅使下，瑪麗的行為將會是傾聽同儕的意見和回饋，盡可能客觀的評估自己手下的表現，在不過度指導或事必躬親的情況下，讓他們學習和成長。

透過這些行為，瑪麗向員工傳達了她相信他們有能力的訊息，她相信他們能扛起工作上的挑戰，也會在需要的時候得到她的支持。瑪麗也將成為一位成長型的領導者，並對她的團隊產生巨大的影響力。

無論意識到與否，我們每個人都以既有的心態看待經歷的每一件事，我們也開始理解「歷史重演」這一句話的意思。就像瑪麗一樣，我們的既定心態不一定是好或壞，但當我們完全毫不覺察時，在某些情況下就可能受其所牽制。

若在熟悉區中，過去奏效的既有心態在遇到曾經歷過的挑戰時，還是會被沿用；除非我們向瑪麗一樣被隱藏冰山的某些東西所觸發。而若在適應區，我們的既定心態通常無法有效應對挑戰，還可能成為進步的一大障礙。因此，我們首先必須學習管理自己的冰山，讓我們在熟悉區中遠離保護狀態，以便有更多精力處理適應區中更困難的事務，因為那才是真正需要發生轉變的區間。

每個人每天都可以也經常多次切換到保護狀態，這不但難以避免，也沒有錯。即使在一個安全、熟悉的環境中，有時候會感到威脅也是正常且自然的事。問題是我們沒辦法在保護的狀態下適應或學習，而當我們以慣性行為做出反應，而不是選擇最適合當下情況的反應時，即已放棄了領導的地位。然而我們有機會覺察到自己切換至保護狀態的時刻與原因，然後藉此幫助我們選擇從保護狀態中切換出去。

這時候就要仰賴雙重覺察了。透過雙重覺察，瑪麗發現自己在會議中所表現的憤怒與沮喪情緒，是基於無法保持開放態度與團隊合作而引發處於保護狀態的警訊，她也能覺察到潛藏於其中的既定心態與信念，然後也就可以選擇轉換不同的心態，那麼她的想法、感受和行為也會隨之改變。換言之，她可以換掉心態濾鏡，擁有全然不同的角度看世界。當我們這麼做時，本來的不適感會成為進入學習狀態的通道。

如果能夠再花點時間深入探索，或許就能獲取另一種全新的心態，擁有更多探究世界的角度和觀點，並以更具開創的方式回應不同的領導力與生命挑戰。這些新心態會有各自的「濾鏡」，並在接下來所發生的事和我們在不同情況所扮演的角色中，引發全新的體驗、想法和解讀。

有了不同的心態，就能夠將之前不曾注意的細微之處和複雜層次，加入我們對現實的感知中，以前未知的可能和結果也跟著顯現出來，就可以看見以前無從覺察的盲點。隨著之後一次次練習以新的心態思考覺察後，大腦的神經連結會重新嫁接，新的心態和信念也就崁入我們更具流動性與適應力的冰山之中，而我們也愈來愈能在任何時刻覺察潛伏在表面之下的真相。

核心認同

湯瑪斯在第二天的會談會議結束之後，舉辦了一場「故事分享晚宴」，邀請瑪麗和其他與會主管們參加，希望藉此維繫相互的關係，同時鼓勵大家敞開心扉，坦承面對彼此。他們每個人圍坐在桌子旁，分享影響個人生命旅程的重要的人或事。這樣的分享總是特別啟發人心並能建立彼此的親密感，每一個成員也都在個人的層面上更加瞭解對方。

輪到瑪麗分享時，她提到自己的弟弟卡爾。卡爾是瑪麗唯一的手足，他天生就有輕度的殘疾狀況。他和瑪麗上同一所當地的公立學校，他常常遭到霸凌。瑪麗比卡爾大兩歲，她在學校經常看到自己的弟弟被欺負，這讓她非常地憤怒。所以只要一發現有人故意欺負弟弟，瑪麗就會馬上跳出來保護他。瑪麗也因此打了幾次架，和別人引起了幾次小衝突。瑪麗的爸媽從來不曾為了打架這件事處罰她，他們反而讚許瑪麗能夠保護弟弟，並給瑪麗很多的獎勵。

也因此保護卡爾成了瑪麗的第二天性，她不但開始在校園裡照顧弟弟，也在生活起居上避免他受傷。久而久之，瑪麗將保護弟弟視為個人的職責與信念。這段經歷也形塑了她的使命感與價值觀，並凍結在她的冰山底層。

冰山的最底層乘載著我們的價值觀、需求（已滿足和未滿足）、希望、夢想和使命感，這些因素構成了我們的核心身分。對瑪麗來說，成為卡爾的保護者是她身為姊姊和女兒的核心身分的重要一環。

人類的思緒是如此美妙與複雜，當瑪麗在晚宴上分享這個故事時，她第一次把兒時的這個故事，與經過四十年後自己現在身為領導者的行為連結在一起。

冰山的底層是最難接近與改變的。雖然覺察冰山的根源通常很有幫助，但想要改變心態並轉變我們的感受、想法和行為的循環，不一定需要挖到深處。就如同瑪麗一樣，我們的核心身分認同通常可以追溯到童年時期的經歷，如果那些經歷是受創的，最好能與有執照的諮商治療師一起探討。否則，僅僅是覺察自我的潛藏心態與潛意識的信念並刻意轉念，就足以得到轉變。就專業工作上而言，我們的焦點通常放在心態與信念的層面，目標在於釋放客戶的潛力，增進他們的覺察力和選擇，並擴大結果的不同可能。

晚宴的分享過後，瑪麗和主管們聚在一起，她脆弱但坦率地告訴大家自己的童年歷程，以及這段歷程如何影響並形塑了她的保護性領導風格。「我想成為一位成長型的領導者。」瑪麗對大家說：「如果你們發現我過度保護了，請告訴我，因為我自己有時候並沒有意識到這一點。」聽到瑪麗這麼說，有幾位同儕相視一笑，好似不敢相信瑪麗終於承認了他們多年來一直提到的行為。

之後，一切有了一個好的開始。瑪麗逐漸讓她的團隊承擔更多風險，並接受更大的責任。在董事會議之前，她也不像過去那樣過度為同仁做準備和處處指導，而是讓他們自己面對挑戰。看到同仁們大多數的時候都能成功，也讓瑪麗感到非常欣慰。

瑪麗當然還是會出現保護的狀態，偶爾忍不住想要立刻衝出來捍衛自己的團隊，或是阻止他們陷入險境。但是透過自我的覺察，她能夠趕緊做個深呼吸，並提醒自己新的心態更適合目前的目標，對整個團隊的成長與發展更好。

一段時間之後，瑪麗的新心態從辦公室擴展到了她的家庭。一天晚上，她的女兒譚雅請瑪麗開車送她去參加一個聚會時，瑪麗說：「妳要不要自己騎腳踏車過去？」

習慣了母親時時採取保護的譚雅回答：「不過時間有點晚喔！我知道妳不希望我

在晚上騎車，而且晚上又單獨一個人。」

瑪麗微笑著說：「我想妳可以的。」

譚雅的臉上漸漸綻放出笑容。能得到媽媽的信任讓自己進行小小的冒險，譚雅開心極了！

保護心態與學習心態

雖然心態可以有許多不同的轉變，但是有些特定的心態會驅使我們維持現狀，有些則能打破我們的思考和行為模式，願意去學習與創新。當我們處於熟悉區時，維持現狀的心態或許有用，然而在適應區中卻常常起不了作用。不過因應情況所需，我們也有能力從維持現狀的心態轉為學習心態。

聽了這麼多不同的心態，現在請想想你最近面臨的挑戰，當時的你自然傾向哪一種或哪一些心態呢？確定了你的既定心態之後，你可以問自己一些問題來打開心理雷達，用全新的方式看待事物。

定型心態與成長心態

關於定型心態和成長心態的文章很多，當以定型心態處理事務時，我們會堅信自己的能力和智慧不容質疑，也就是說如果某些事情我們做不到或做得不夠好，那也無計可施，只能這樣。然而如果以成長心態行事，我們相信自己會隨著時間累積智慧並獲取新能力。

倘若你發現自己以定型心態行事，請問問自己：

- 如何將挑戰轉變為機會？
- 如果我能從中學習和成長，會有什麼樣的可能？

專家心態與好奇心態

專家心態讓我們相信自己已經擁有所有的知識和技能，足以應對眼前的挑戰和表現，這種維持現狀的心態能讓我們在熟悉區表現得如魚得水。然而，如果懷著好奇心態，我們會願意提出問題、展開探索和發現，並渴望在學習的狀態下，藉由嘗試新事物來學習。

倘若你發現自己以專家心態行事，但如果以學習心態會更好時，請問問自己：

- 我想探索哪些問題、新觀點或機會？
- 如果我暫時拋開已知，改以全新的眼光看待問題，會對什麼感到好奇？
- 如果我能接受學習新事物需要付出的努力，未來會有什麼樣的可能？

被動心態與開創心態

若以被動心態行事，我們會以之前用過也確實有效的方式來解決問題，這些方式對於某些熟悉區的狀況來說的確可行，但若是能以開創心態來行事，我們就能夠在目標導向的帶領下，讓自己和其他人探索新的可能性，並測試我們的創新解決方式。

倘若你發現自己在適應區中以被動心態行事，請問問自己：

- 我想解決的哪一個「為什麼」更重要？
- 假使這個挑戰實際上是一個能開創更好、更不一樣的機會，我會希望是什麼？什麼會更重要也更有意義？
- 如果想要到達我想要的狀態，我需要跨出的最小一步是什麼？

被害者心態與原動力心態

被害者心態心存著外在控制因素，堅信在個人的能力所及之外，有許多因素決定了自己的發展、成功與否以及做事情的能力。也就是說，我們是受外部環境因素影響的受害者。而在原動力心態之下，我們擁有的是內在控制因素，知道自己有能力在合理的範圍內嘗試新事物、克服挑戰並完成下定決心去做的事。

倘若你發現自己心存被害者心態，請問問自己：

- 我可以透過那些方式改變局勢？
- 我已經具備了哪些優勢？我可以利用哪些能力、方法或資源，成功戰勝此一挑戰？

欠缺心態與充裕心態

若以欠缺心態行事，我們就會認為自己的資源有限，因此在面臨挑戰時通常會覺得自己必須做出艱難的權衡和決定。如果能以充裕心態來看事情，我們會認為自己擁有豐富的資源，不需要刻意爭權奪利，並將挑戰視為潛在的雙贏局勢。這樣的心態在面對談判時特別有用。

倘若你發現自己心存欠缺心態，請問問自己：

- 如何讓情況轉變為雙贏的局面？
- 如果我能開放一些限制，會不會有更大的機會？

確定心態與探索心態

若心懷確定心態，我們會想要確定事情該如何進行，會寧願按照計畫行事，即使結果可能會更好，我們也不想繞個圈做任何的改變。但若帶著探索的心態，我們會對計畫之外的任何可能性抱持開放的態度，我們不知道未來會是怎樣，所以相信成功最好的方式就是預先做計劃，但是在過程中保持彈性和好奇心，並睜大眼睛尋找無法預見的機會。

倘若你發現自己抱持著確定心態，請問問自己：

- 什麼是我只要做最小的變動，就能嘗試不同的方法並快速學習？
- 這個問題還有哪三個不同看法的解決方式？

維護心態與機會心態

在維護心態之下，我們的重點會在避免壞事發生。瑪麗就是在這樣的心態下，跳出來維護她的下屬。若在機會心態下，我們會尋找潛在的機會並相信自己能夠成就大事，而非把焦點放在關注可能出現的陷阱。

倘若你發現自己抱持著不利於當下情況的維護心態時，請問問自己：

- 這個狀況是不是不應該避免風險？反而應該抓緊機會？
- 如果放大膽子去做，會出現什麼樣的最好結果？
- 我該怎麼做才能盡量讓那樣的情況發生？

從舊心態到新心態

這個練習將幫助大家開始覺察隱藏在冰山裡的東西，及其如何影響我們的行為模式和結果。然後，我們可以開始形塑一座懷有學習心態的新冰山，激發更具效能的想法、感受和行為。

首先，請先想想目前面臨的商業挑戰，這個挑戰最好是持續出現的，或是讓你感到無計可施的狀況，不過也可以是你和老闆或同事遇到的單項問題，或是你試圖解決的難題，或是難以決定的事。想好了這個問題或挑戰之後，請想像自己在這個當下面臨的狀況，接著問自己以下這些問題：

舊心態

- 我表現出的行為哪些是無效的？我在這個狀況下的哪些行為是其他人看得到的？（這些是你想要擺脫的行為）。
- 如果我繼續表現出這些行為，最後可能會有什麼樣的結果？
- 當我想像這個情況下的自己時，心裡出現什麼感受？
- 有什麼想法嗎？哪些是我不經思考的言論？
- 在這個狀況下，我的價值觀是什麼？這些價值觀的先後順序是否起了衝突？
- 我認為自己和所扮演的角色是否影響了對上述這些問題的想法和感受？

新心態

- 什麼樣的信念能讓我更忠於真實的自我和角色？
- 在這個狀況下，如果能優先考慮另一個價值觀來支持新的信念，會不會更有幫助？
- 若想像自己重新回到這個狀況中，但擁有新的優先價值觀和（或）對自己與扮演的角色抱持不同的信念，又會出現什麼樣的感受和想法？和之前有什麼不同嗎？
- 在這樣的感受和想法之下，我會自然展現出哪些行為？
- 倘若我能持續以這個新方式行事，可能會出現什麼結果？

希望以上的練習，能幫助大家開始發現一個或更多阻礙你獲得理想結果的盲點。接下來的最後一步，就是找時間練習你希望能夠展現的新行為。練習的次數愈多，就愈能夠將這些行為模式嵌入你的冰山，開創出新的結果模式。

第五章 冷靜的目的：冰山的最底層

如果你想造一艘船，
不需要集合一批人來搬木頭，
不需要指揮他們做這做那，
你只要讓他們憧憬無邊無際的大海就夠了。
——安東尼．聖修伯里

深夜時分，丹尼爾還坐在南加州悶熱的會議室裡。他是一家保健食品的資深主管，一位名叫金柏莉的顧問正挑戰他對領導力的想法。金柏莉問丹尼爾：「為什麼他們需要跟你一致？為什麼你需要知道答案？」

丹尼爾覺得十分火大，他在心裡嘶吼：「為什麼她不明白我的意思？我只不過是想要找到方法來解決眼前的問題。為什麼這麼難理解？」

事實上，金柏莉理解丹尼爾的問題，也看出他的困境。丹尼爾的整個職業生涯都建立在一個強烈的信念，他自有一套如何成功和良好領導力的準則。丹尼爾過去是一個以行動導向來解決問題的人，也一直很成功。他總是能找出正確的方法，並聯合其他人來解決問題。但是現在這個方法和心態，已不再奏效。

丹尼爾對於領導力的思維以及如何回應挑戰的方式，事實上都限制了他處理當前業務危機的能力。丹尼爾需要幫助，但是他只是一味地尋求能找到答案的策略，然後說服組織中的其他人改變他們的方法。然而，首先要改變的是丹尼爾自己。

丹尼爾的職業生涯到目前為止一直持續往上攀升，他剛從大學畢業就進入一家績優穩健的全球消費商品公司就職，這二十多年來從行銷晉升到業務，再高升到經理的職位，也把他從出生地歐洲帶到了陽光普照的加州。丹尼爾也在加州加入一家快速發展的公司管理團隊，這家公司生產和銷售維他命、包裝食品和零食、減重產品及保健食品，在美國做得很成功，因此也開始在世界各地布局。

丹尼爾第一次被公司提任為市場總監時，他還不確定自己是否願意接受這個職位，因為他覺得自己對公司的產品或使命感沒有那麼強烈的連結，不過這個升職的好機會實在很難拒絕，所以他最後還是接受了。丹尼爾試著在工作上投入更多的熱情，也認為自己會喜歡這項工作的開創性和業務拓展的部分。他一向都準備好承接更大的任務，特別是在面臨重大的挑戰之下，那正是他可以發光發熱的地方。

雖然有不少挑戰，但丹尼爾擁有解決這些挑戰的實力，所以他有很長一段時間處於高效能的高風險熟悉區。而他的母公司也看準了子公司的大幅成長潛力，所以也挹注了優渥的資金。丹尼爾正式成為市場總監時，子公司的團隊不但投注了更多的營銷成本、積極進軍國際市場、擴大鄰近屬性的客群，也花錢投資新的製造設備和建立自營銷售網，以降低對第三方供應商的依賴性，公司還雇用了更多人來因應預期的業務增長。

這些計畫起初都順利進行，雖然制定了雄心勃勃的增長目標，但是他們每一季都超越了目標，每年的業績也以兩位數字的速度快速成長，並在全球各地的許多國家進行開展。這是一個成功的故事，母公司的領導人開始搭機前來請益，想瞭解他們是如何這麼迅速地達到顯著的成長。

儘管丹尼爾是管理團隊中年紀最輕的成員，而且進公司的年資也比其他人短，但是丹尼爾覺得同事們都很接受並尊重自己，不但合作無間，也很享受一起工作的樂趣。丹尼爾的個人生活同樣幸福美滿，他的妻子和三個年幼的孩子非常適應加州的生活方式，丹尼爾自己則特別享受戶外活動和運動。整體而言，丹尼爾的生活十分愜意美好。

然而一切即將改變。丹尼爾公司的主要競爭對手推出了一系列的新產品，除了宣稱是科學上的一大重要突破，他們的理念和產品更吸引了一群近乎狂熱的追隨者。競爭對手隨即直接針對丹尼爾的商品展開積極的促銷活動，消費者用鈔票做出了他們的選擇。就在短短兩個月間，丹尼爾眼見兩位數字的倍率業務增長變成了兩倍速的下滑。經銷商接二連三的退出，營業額不僅持續下降，下降的速度還愈來愈快。丹尼爾從未經歷過這樣的狀況，他們的競爭對手似乎席捲整個關鍵區域市場。

丹尼爾現在正處於高風險適應區。他的公司陷入搖搖欲墜的深水之中，狀控不明、答案未知，整個企業岌岌可危。不幸的是丹尼爾和團隊成員集體進入了保護狀態，雖然在這樣的狀況下很常見，但卻讓一切變得更糟。這一次，丹尼爾沒辦法像之前只要將內在的觸發轉換到學習模式就可以解決問題，這次的問題不但真實、複雜，而且還有未知的問題要解決。

公司的執行團隊一時還難以接受龐大消費者突如其來的轉變，以至於大家對接下來的方向與行動無法達成共識。很多人認為火燒得愈旺，燃燒的速度就愈快，所以對方的崛起可能只是曇花一現。但……如果他們是錯的呢？如果對手的競爭威脅一直持續下去，丹尼爾的公司又來不及快速反應的話，就會釀成公司的災難，到時候只能裁員，也會缺乏現金流來支付製造產品的成本。

總公司的執行長愛德琳娜在需要作出類似這樣的重大決定時，會希望由團隊達成共識，決定應該怎麼做。但是幾個星期過去了，競爭對手繼續蠶食他們的市場，許多團隊成員開始感受到急需做出行動，但是大家依然陷入僵局，根本無法達成一致的共識。丹尼爾也對同儕們無法做出一致的決定感到無計可施，漸漸地沮喪了起來。

他們無法達成共識的第一件事，就是競爭對手的產品是很快就會退散的一時熱潮，還是會得到消費者的長期喜愛。團隊中的一些人堅持那些產品很快就會退流行，公司的醫學主任拉斐爾堅稱：「他們大肆宣傳還做出荒謬的承諾，等消費者看出那些產品根本沒像他們說的那麼好時，我們的客戶自然就會回流。」拉斐爾是醫學博士，也是公司醫藥科學的共同研發。他說：「這個領域的趨勢不斷變化，這次也不例外。如果我們視而不見不去理他，他們會消逝得更快。我們的產品背後有更卓越的科學根據，不需要自降水準地去回應他們的偽科學。」

但另一派同儕強烈抱持不同看法。丹尼爾說：「我不確定是不是這樣。你看他們的銷售數字，消費者似乎對他們的承諾很買單，也喜歡那些產品。如果他們的產品夠好，消費者只要用過就回不來了怎麼辦？我們應該開發類似的產品來滿足消費者的需求，這個流行可能持續幾個月或甚至幾年，我們不能坐以待斃。」

「我同意。」產品研發主管史蒂芬開口說：「我們何不也推出另一系列結合對方新方法的產品，這樣我們就能與他們展開競爭。」但銷售主管伊娜搖搖頭說：「我認為你們兩個都錯了，如果他們的產品只是一時熱，我們為何還要投錢開發一系列的新產品？不過我倒是同意不能坐以待斃什麼事都不做，我們應該轉守為攻，直接把產品送到消費者和最大零售商的眼前。我的團隊可以策劃一個針對性的促銷活動，凸顯我們產品的主要特色，以及和其他產品的不同之處，再提供一波優惠。」

丹尼爾聽著團隊不斷原地繞圈的討論，覺得自己的腦袋也跟著轉圈圈。每一個提出來的觀點都很合理，但是沒有人真正聽取別人的意見，只是堅持自己的想法，認為只有自己的觀點真正可行。而團隊成員愈討論，似乎就愈陷入僵局。銷售數字持續下滑，母公司要求管理團隊想出解決辦法，會議室裡的情緒不斷高漲。

僵持不下的情況又延續了兩個星期，團隊無法更加果斷，自己沒辦法說服大家認同他的想法才正確，還有同儕們的持續爭論，都讓丹尼爾愈來愈沮喪。即使無法證明，但丹尼爾唯一確定的是他們不能什麼都不做，他們需要採取行動。在這個情況下，最糟糕的可能行動就是坐以待斃，就像他們現在一直繞著問題打轉，卻沒有任何的共識。

想讓團隊不再做困獸之鬥，丹尼爾只知道一個方法，也是他過去用過的舊方法，就是自己想出正確的答案，然後用事實、邏輯和令人信服的話語來說服大家。但這個方法並不適合他目前的適應區狀況，雖然丹尼爾確信什麼都不做是錯誤的選擇，但也不知道正確的答案是什麼。他擔心等答案變得明朗之後，可能為時已晚。團隊沒有動作的時間愈長，丹尼爾的壓力和焦慮也跟著節節高昇，然而他愈激進地想要自己找出答案，也讓自己和團隊的距離愈來愈大。

此時母公司不斷地提出質疑，更讓整個團隊雪上加霜，壓力更大，但他們還是得不到一個結論。團隊成員無不堅持自己根深蒂固的觀點，每次一有新的資訊進來，每個人都只是用來證明自己的觀點，也因此彼此的觀點更趨於兩極化，討論的時間變得更長，但卻更有爭議且效率更低。由於各自嘗試說服對方贊同自己的意見，有些團隊成員的關係漸漸惡化，也開始互相指責，無法找出共同的立場。

丹尼爾的挫敗感、不確定感、即將失敗的威脅感以及逐漸失控的感覺一天比一天嚴重，而隨著競爭對手「很快就會過時」的產品持續吸走客戶，公司的團隊也開始分崩離析。在工作上，丹尼爾花愈來愈多時間批評其他人的立場和意見；在家庭上，他變得暴躁易怒，和妻子及孩子愈來愈沒話說。

丹尼爾在這段期間去滑雪度假了一個星期，結果患了嚴重的喉嚨感染，由於發燒的緣故被迫連續幾天躺在病床上。就在他計畫重返工作崗位的那一天，丹尼爾一起床就覺得全身肌肉痠痛，而且又累又煩躁，這一點都不像他。幾天之後，他的體重開始迅速下降，整個人瘦了一大圈。

根據醫師的診斷及檢查報告顯示，丹尼爾罹患了甲狀腺失調，造成身體的代謝出問題。因此他的身體每天燃燒將近八千卡路里（幾乎是正常人的三倍）！當醫師詢問丹尼爾近來的生活並聽到他的高壓工作狀況後，他給了丹尼爾一個選擇：切除甲狀腺，但他接下來都得靠著藥物來控制身體的新陳代謝。或者他必須改善導致甲狀腺問題的狀況，像是壓力、生活方式和行為因素（亦即身心因素）。

丹尼爾沒聽見身體發出的警訊，現在他的身體正在強烈抗議。

責任制的本質

丹尼爾接受了第二個選項，這也是他最後和金柏莉一起在倉庫辦公室的原因。金柏莉正擔任諮商和教練的角色，和丹尼爾一起面對眼前的挑戰。金柏莉的重點不在是否應該改變公司產品或市場取向來增加銷售量這種簡單的問題，她重視的是丹尼爾的領導風格與其和團隊互動的行為，還有這些行為背後的潛在心態，以及丹尼爾在當前狀況下的情緒反應。丹尼爾對冥想並不陌生，他已經練習過好幾次，也認為自己是一個很有自覺的人，不過他很清楚自己的健康問題和公司的危機有關，也需要他再更加留心。

丹尼爾的第一個突破來自於瞭解在面臨挑戰的情況下，自己的領導力出現問題。他以往的成功模式是透過分析（大多是靠他自己）找出解決的方法，然後再說服其他人的一致贊同，但實際上整個團隊可能沒有真正的認同感。丹尼爾原以為造成內部無法團結的問題出在同仁身上，畢竟這是他第一次在這間公司處理危機事件，而他的方法也是第一次不管用。丹尼爾認為這一定是他們的錯，因此絲毫不覺應該檢視自己在危機處理中的角色。

這是成功領導者經常遇到的挑戰。他們有一個在過去行之有年的成功模式，所以很難質疑是這個成功模式出了問題，直到瞭解自己正處於適應區，需要嘗試新的方法。此外，當我們處於保護狀態並固守舊思維和行為模式時，通常也很容易將問題歸咎到別人身上。我們相信自己是站在客觀的立場看事情，所以不會向內檢視其他的可能性，或思考自己的觀點可能受到影響而扭曲。這導致我們不是主動承擔責任並找出可以改變並開創更好結果的方法，而是責怪別人或自己以外的環境。

丹尼爾對於身為優秀領導者的心態認知在他的職涯中一向如魚得水，但是在這個危機情況中反而讓他無法傾聽別人的想法和經驗談，也使他不懂得和其他人一起共創解決的方法，動員更多不同的人進行改變。當前的適應區挑戰的複雜程度，已超出丹尼爾的心態與其驅使的行為所能負荷。此時，丹尼爾已經知道那些舊有的方式行不通，但是他還沒有一個新的成功模式，這讓他感到緊張。這也是許多人最後在適應區的情況下採取保護狀態的原因之一，因為面對未知的我們沒有清楚的方向，只能緊抓住過去的成功案例不放，即使它已經失去了效果。

金柏莉告訴丹尼爾，尋找新成功模式的第一步需要深入覺察自己當前的心態，造成了什麼樣的盲點？然後找出為什麼無法有效解決當前挑戰的原因。

經過深刻的反思後，丹尼爾意識到自己對領導力的看法是「好的領導者必須解決問題，其他人同意也願意跟隨著這麼做」。這樣的心態和觀念顯然沒辦法解決眼前的態勢，因為目前的問題沒有明確的解決方法，而且正確的方法可能不只一個，更何況想要證明方法是否管用也可能太遲了。另外還有一個挑戰，就是團隊裡的每一個人都很堅持自己的想法，但他們需要的是在五里霧中以團隊的方式一起探討與行動，傾聽每個人的聲音。唯有如此，他們才可能在一系列的選項當中做出決策，循經測試、修正與修訂目標，並在過程中一起行動與學習。

丹尼爾發現，**自己一直把找出答案置於和整個團隊達成一致的願景和行動之上。**丹尼爾的下一個突破則是責任制的認知。他在保護的狀態下一直等待愛德琳娜和團隊其他成員做出改變，並怪罪他們缺乏進展。一旦丹尼爾覺察到自己的領導行為不足以應付眼前的挑戰後，他才意識到自己也是問題的一部分。現在，無論其他人做或沒做什麼，丹尼爾都能夠調整自己的心態及領導行為，因此更能夠應對當前的危機。

當丹尼爾領悟了一位優秀的領導者不需要知道答案，而是需要整合團隊一起合作與發現，也接受了這個想法時，他覺得終於得到了解脫與自由。他不必等待其他人或外部環境的改變，不需要等待愛德琳娜來決定或等團隊達成共識，也無需等待任何數據，因為這些都是他無法控制的。他現在只能重新專注於自己能掌控和改變的，那就是——他自己。

雖然丹尼爾對這次的危機感到失望與沮喪，但是他真正能做的就是管理自己的應對措施。這個想法帶來力量，也為丹尼爾打開了另一條路，他可以用新的心態盡情探索，讓自己用不同的角度來解決危機。

建立了覺察與接受的心態之後，丹尼爾的下一步是做出改變。經過一連串的反思並回答金柏莉的探索式問題之後，丹尼爾找出了他願意嘗試的另一種心態。他的心態從「（在這個挑戰中）我必須知道答案，而且讓大家跟隨我，這樣才是一位優秀的領導者」，轉念成「（在這個挑戰中）我需要跟大家一起合作，聆聽不同的觀點，鼓勵大家做出集體的決定，這樣才是一位優秀的領導者」。

丹尼爾和金柏莉隨後討論出在新的心態下，丹尼爾能夠表現的行為，並制定讓丹尼爾練習這些行為的計畫。這些行為一開始當然不可能自然而然地出現，所以丹尼爾需要刻意選擇與新行為和新心態相關的「練習機會」。丹尼爾首先找出最強烈反對他的觀點的人，也就是那些認為應該按兵不動，什麼也不做的人。丹尼爾專心聆聽他們的想法，並提出問題來深掘這些意見背後的信念和假設。接著，丹尼爾轉而試圖瞭解那些認為應該起而行的人，以及他們為什麼提出截然不同意見的原因。

丹尼爾對各方不同觀點有了清楚的理解之後，他在會議中將這些觀點彙整在一起，並幫助團隊成員在展開討論之前先真正聆聽這些意見。他也在這當中提出許多「預設」的狀況，針對不同想法進行壓力測試以及不同單位可能出現的假設。他鼓勵大家都這麼做，也邀請同事們打開好奇心並提問，好讓自己有更深層的認知和更開廣的思考角度。因為大家可以在不被干擾的情況下表達自己的情緒、想法和更深層次的信念，所以也讓找答案的過程更有創意。

這一切對丹尼爾來說彷如煥然一新，他不再覺得自己需要一直找答案，所以能夠打造對話的空間，並在大家的意見和點子之中尋找共同點。丹尼爾發現當他不再一味堅持自己的觀點之後，變得能夠傾聽其他人的觀點，不會立即妄下斷論，也不會急於作出回應。他還發現當自己敞開心房，並對他人的意見和觀點感到新奇有趣時，大家討論起來會更順利，也比較不會針鋒相對，整個團隊更願意聚在一起嘗試不同的方法來應對當前的市場挑戰。

而感到更自在的丹尼爾開始變得更能夠伸出援手，展現出更大的影響力。有趣的是他感覺到這個改變也影響到身體的甲狀腺狀況，他的體力也漸漸恢復。

最後，收入下降的狀況逐漸趨於平緩，成本也幾乎打平，丹尼爾的團隊開始調整產品的多樣性，以滿足消費者的需求並和對手競爭。丹尼爾對於自己能夠運用集體領導的方式帶領團隊走到這一步，感到無比的難以置信與充滿正能量，而所有的這一切都是起於覺察到自己的領導心態，同時做出刻意的改變。丹尼爾和金柏莉投入更多時間強化冥想和其他覺察的練習，持續找出盲點，並加強自我覺察和自我超越的能力。

丹尼爾的覺察練習讓他對工作以外的責任有了更深層的見解，現在的他認為自己有機會為生命中發生的每一件事情負起責任。這一項突破讓丹尼爾充滿動力，並迫使他以更誠實的態度與覺察來檢視自己的人生。倘若丹尼爾個人必須為自己的人生負責，那麼他也必須要有能力來做出改變。這樣的認知讓丹尼爾開始思考目前的生活是否真的是自己想要的，如果不是，那麼自己想要的生活是什麼？

丹尼爾很享受目前生活中的許多事情，他很喜歡自己的房子和社區，深愛自己的家庭，也很享受伴隨工作而來的尊重與挑戰，但是他不得不承認自己的內心深處並未真正感到滿足。丹尼爾和目前所扮演角色的關聯性單純來自於抱負，而不是基於深刻的意義與人生目標。他找到了身為父親、丈夫和朋友的意義，然而作為一個投注大量時間和精力在工作上的人來說，丹尼爾開始發現倘若自己的工作無法連結到更大的意義，就無法得到真正的滿足。

回首過往，丹尼爾看見自己忙於攀登成功的階梯，但也慢慢失去了對這份工作的興趣。丹尼爾上一次主動閱讀市場銷售方面的書已經是一年多前了，現在對於研究競爭對手的銷售話術和方式也沒以前覺得有趣，身為主導大筆廣告預算的人來說，這些都在在顯示丹尼爾只是敷衍了事。

在花了很多時間反思之後，丹尼爾意識到雖然自己的健康和工作危機之間有明顯的關聯，但其實背後還有第三個關鍵，這三者之間有相互作用的關係。野心會消逝，但目的讓你繼續往前。丹尼爾與職業生涯的關聯主要基於抱負和野心，但他的抱負和野心在這幾年間慢慢消耗殆盡。

讓你的熱情與世界接軌

每個人都能從有意義的生活中受益。人生意義是身分認同中的一大部分，並推動著一切，它也是冰山底部的一層。許多人就像丹尼爾一樣，在生活中扮演的各個角色和領域找到了意義。許多人在工作之外的生活找到了人生意義，但對於希冀自己能更上一層樓的我們而言，若能將工作與更高層次的意義連結在一起，就能幫助我們表現得更好，獲取正能量，也讓我們更容易在適應區中切換至學習狀態。

當我們與更高層次的意義有了連結之後，我們會更健康、更有效率和彈性，也更能接受變化與不確定性。認為自己在工作中「實現人生意義」的人的幸福感，比未能在工作中實現的人高出五倍，可見活出人生意義不但能促進健康與幸福，甚至對整個人生——甚至我們的壽命有極大的影響。

一項針對五十一到六十一歲美國人所做的四年調查發現，缺乏強烈人生意義的人在研究過程中死亡的機率，是擁有人生意義的人的兩倍，而在排除收入、性別、種族和教育程度的影響因素後，也更有可能死於心血管疾病。在這項研究中，人生意義對身體的影響甚至遠超過生活方式的因素，像是飲酒、吸菸和運動。許多其他研究也證實了人生意義在健康和降低死亡風險方面，確實具有正面積極的作用。

或許沒有人比精神官能學家維克多．法蘭可（Fiktor Frankl），更能深刻描述意義的重要性，他在《活出意義來》一書中，紀錄自己於二戰期間在四個納粹集中營的經歷。他的父母、兄弟和有孕在身的妻子相繼在集中營裡喪生後，他開始觀察其他囚犯如何面對如此巨大的傷痛，並在後來被釋放之後治療這些人。法蘭可從中得出了結論，他相信即使在人生最黑暗的時刻，擁有意義感能影響我們如何經歷創傷，甚至對如何繼續生存下去具有關鍵的作用。他發現或許面對的情況不同，但懷抱人生意義的囚犯比那些沒有特定意義的囚犯更有存活的機會。法蘭可在戰後繼續鑽研他所創立的「意義療法」（logotherapy），認為在人生中找出意義是人類最強大的動力。

意義感的建立除了能對生理、心理與情緒產生正面的影響之外，也是一個創造意義的機會。我們已經知道心態會影響適應區中的領導力與表現，同樣地，建立意義感也會讓我們對發生在自己身上的事情與原因產生不同的想法，心態的轉變讓壓力和挑戰變得有價值，讓我們對改變更加容忍。換句話說，意義感的建立讓我們能用更正面的心態看待適應區的狀況。

當倘若我們能在進行困難的事情時，告訴自己這是為了重要的「原因」，就能讓自己定錨在正面的心態與狀況中，從而產生內在的勇氣與安全感。即使事情並不順利或和預期的有落差，我們都能將其視為過程中的考驗，並認為這些考驗能幫助我們抵達最後的目標。我們可能會經歷壓力、緊張、沮喪、憤怒和其他的負面情緒，但是大腦告訴我們這些都是為了一個更偉大的目標，所以我們能將這些負面情緒和自己最想達到的目標產生連結，而不是因為受到威脅不得不去做。因此，我們能以學習的心態處事，並在艱難的時候獲取需要繼續向前的動力與能量。

在更豁達的想法之下，即使是需要付出極大努力的工作，都會讓人覺得最終的價值勝於挑戰。這種「餵養」正面訊息的方式，是一種避免讓我們被情緒淹沒的調節策略，特別是在面臨任何困難的挑戰時。在面對改變或不確定的動盪時刻，人生意義就像是定心錨，讓我們穩穩紮根，清楚地知道自己是誰、抱持著什麼立場。無論周遭發生了什麼事，只要明確記住我們的目標，凝視前方並邁開步伐，就能保持穩定並持續向前。

倘若漫無目標，我們極有可能切換到保護模式，因為不知道自己真正想要的是什麼，所以會採取行動保護已經擁有的，導致我們變得被動，只會一直解決問題，而不是創造新的機會。如果在高風險適應區中缺乏意義的目標感，就會像一艘在暴風雨中航行的船隻，只能想辦法在下一波大浪來襲時把船穩住，而不是積極朝著目標航行。

也就是說，如果能定錨在個人的人生意義上，就更能夠為了讓自己成長、學習和發展而刻意跨出熟悉區，並積極在適應區中努力取得好成績。如果少了更大的目標，也沒有理由學習新事物，那麼留在熟悉區中容易多了，何必強迫自己進入適應區？然而如果一直安於現狀，只會導致自滿，等到外部環境迫使我們進入適應區或面臨更糟的狀況（容易缺乏精力或其他負面的生理影響），我們將缺乏應對的能力。

丹尼爾之所以陷入企業危機的部分原因，是因為缺乏覺察力，但另外一個原因是他追求的成功只是一種普世概念，並未根植於任何的意義感，因此在面臨新的挑戰狀況時，就會缺乏指引。而在沒有明確答案或慣性反應不管用，因此需要學習新事物時，透過覺察產生的強烈意義感有助於生理、心理與情緒的穩定，幫助我們在適應區中順利運作。

那麼，意義究竟是什麼？如何才能尋得？我們將意義定義為熱情所在與世界所需的交集，不是每一個人都有幸透過自己的熱情所在來謀生，但是仍然有很多方法能讓我們的角色和生活與更深層的意義相互連結。我們可以從組織的文化、價值、領導力或是附加價值中得到意義，雖然我們最終都能透過許多方式感受到原來自己的工作和自我的才能與價值觀是一致的，但這不會自然而然就發生，需要透過刻意與練習才能發現並與其建立連結。我們可以從問自己這個問題開始：「我熱愛的是什麼？如何將這份熱愛與工作連結在一起？」

許多人跟丹尼爾一樣，誤將抱負當成人生的意義。我們都想出人頭地，這個念頭在某段時間的確足以激勵我們向前。然而許多領導者即使達到了感到滿意的成功境界，卻發現自己毫無成就感。

集詩人、倡議者與學者於一身的美國隱修士多瑪斯・牟敦（Thomas Merton）說：

「人們可能一生都在攀登通往成功的階梯，然而一但到達顛峰之後卻發現，這座階梯靠錯了牆。」事實上，當丹尼爾以嶄新的觀點眺望自己在隧道盡頭的健康與團隊危機時，他開始懷疑自己攀爬的是否也是一座靠錯牆的梯子。

在接下來的幾個月裡，丹尼爾愈來愈能以全新的領導者心態行事。他在公司展現了靈活的調度能力，感覺壓力變小了，也更願意與其他人交流並取得共識。更開心的是他的甲狀腺機能亢進狀況也緩解了下來，而每天不再筋疲力盡的他，心情也逐漸好轉，這也助長了丹尼爾直接面對問題的勇氣和能力。他的身體也在不需要使用任何藥物的狀態下，在一年之內完全的康復。

在之後的一次小組會議裡，主席請每個人說出自己的夢想，丹尼爾想到自從學習轉換無效領導力的心態之後的轉變，並聯想到如果能夠有個方法緩和公司高層團隊的衝突，然後啟發彼此集體領導的潛力，特別是在艱困時期的危機之下，如果大家能在危機發生之前就具備解決的工具，肯定會對團隊非常有幫助。

這個想法讓丹尼爾興奮極了！他先報名參加團體帶領人的培訓，幫助人們發現自己的盲點。他閱讀了所有相關書籍，向該領域的相關人員取得聯繫，也立刻就發覺自己對這方面的閱讀興趣大過於被他擺在一邊的市場銷售書。丹尼爾花了好幾個週末的時間沉潛，學習更多帶領人的工作。丹尼爾有一次參加培訓後回到家，他的太太說：

「你參加週末訓練回來，比從公司下班回到家更容光煥發。」

丹尼爾無法再無視自己真正想要的生活。「但是我的薪水會少掉很多。」他對太太說：「幾乎百分之五十。而且基本上我得重頭開始，沒有任何津貼或保障。」

「我們會想出辦法的。」丹尼爾的太太說：「你應該做自己有熱情的事。」

有了太太的支持加上丹尼爾從找到人生意義中所得到的自信，以及他敏銳的洞察力，最終讓丹尼爾有了冒險的勇氣，他離開了高報酬的職位，重新在一個完全陌生的領域中扮演一個新的角色。現在的他知道，如果這次不成功，自己也有覺察和扛起自我責任的能力再做一次改變。而且這一次他會更快覺察到問題，花更少的時間攀爬那座擺錯牆的梯子。

意義的追尋

尋找人生意義不是一次性的追尋，而是一生的事，尋找生命中對自己來說最重要的東西，並提醒自己「為什麼」這個東西會如此重要的原因。這也是雙重覺察的關鍵部分，我們的人生意義就隱藏在每個人的冰山底層，並常常隨著一個人的經驗、智慧、學習和成長而轉變。我們的內在覺察不僅和當下的狀況有關，也和我們的自我定位與立場及其如何隨著時間而變化相關。這個覺察以不同的方式讓我們感到安定，我們也需要定期重新審視自己的人生意義，以重新定錨或展開轉變。

特別是在面臨適應區時，持續地與意義相連結能夠為我們提供切換至學習模式時所需要的內在資源與安全感。無論是在組織層面、團隊層面和個人層面，若能將個人的意義和公司的企業目標相連結，即使不是直接的鏈結都能夠產生極大的價值。舉例來說，假使我們的人生意義在於養活一家人，我們的職場角色也能幫助我們實現這個意義，就足以讓我們在工作上感到滿足。同樣地，只要能夠將挑戰視為學習的機會，就足以讓這些挑戰充滿意義，並幫助我們在艱難時期切換至學習狀態。

丹尼爾剛上任新工作沒多久，就明白了這一點。擔任資深領導者多年之後，現在的丹尼爾為了追隨下一個熱情所在，特別降低求職的條件與職位。他和至少比自己年輕十歲的同仁一起工作，為了適應新組織，丹尼爾每天都在做很多年沒碰過的事，像是製作簡報和寫會議報告。除此之外，他的同儕還經常給一些犀利的建議，像是簡報做得不夠簡潔明瞭，或指責他沒按照公司的方法做事。

丹尼爾對自己得花那麼多時間做一些無足輕重的事感到沮喪，因為他真正想做的是在更大的格局之下幫助頂尖團隊做改變，因此現在對他來說感覺是浪費時間。他也覺得自己被年輕的同儕貶低，沒有得到應有的尊重。丹尼爾的自我對話認為自己比團隊的其他人更有經驗、對這份工作也更瞭解，他們憑什麼告訴他該怎麼做？他為了實現透過企業來改變世界的夢想已經降職以求，現在卻成了個「打雜的」，一切似乎很不值得。他也把那些年輕的同事當成無知的孩子。

丹尼爾顯然處於適應區。他在保護狀態下捍衛自己舊有的做事方式，同時也和新同事之間產生緊張關係，在這樣的狀況下當然只會使他無法學習公司的方法，也沒辦法和同事合作產生效益。在新公司工作了一個星期之後，丹尼爾甚至覺得根本行不通，開始後悔自己做的這個決定。

倘若丹尼爾在接受新工作以前不曾進行多次的自我覺察，那他可能撐不了多久。他在那個週末徒步走了一段很長的路，問自己究竟發生了什麼事。在頭腦逐漸清晰並透過覺察的協助之下，丹尼爾開始可以感受到自己的感覺、想法和背後的心態。他想到了自己的目標，以及當初為何在這家公司接受這份工作的原因，他理解到為了實現夢想，就必須學著遵循新公司的遊戲規則。

因此，丹尼爾不得不改變心態。如果他能盡快掌握這份工作的訣竅，就能愈快晉升到真正想做的工作，現在遭遇到的困境都是值得的，是為了實現夢想的必經過程。更何況丹尼爾當初決定進入這家公司是有原因的，沒有人強迫他，是他自己的選擇，所以就看他願不願意為了實現自己的目標來適應新環境。

丹尼爾決定試著用另一個角度來看目前的狀況，同時藉由接受他人的意見、聆聽同事們的建議以及努力讓自己更有效率的方式，盡快訓練自己。他的自我對話也從「他們憑什麼告訴我該怎麼做？」到「很感激他們願意教我怎麼做，讓我能實現夢想」。隨著心態的改變，丹尼爾的大腦接收到的是安全的訊號，並知道所承受的壓力是出於正面的理由。這些都有助於丹尼爾跨出保護狀態，進入學習的模式。

在學習狀態下的丹尼爾變得更加願意協同合作，尤其是當他所做的事情不符合公司的做法時，他會主動尋求同儕的支持與意見。這麼做不但能緩解團隊中的緊張氣氛，也讓大家願意敞開心胸分享不同的想法。誠如之前所言，當兩座冰山相互撞擊時，結果往往會產生摩擦與不合；但是當冰山融解了之後，就能不費力地融合在一起，就像大家在學習狀態下能夠相互合作一樣。

不到幾個星期，丹尼爾就掌握了工作上的訣竅，和同事之間的相處也漸入佳境，儘管還是有一些需要磨合的地方。他有時候還是會感到沮喪和不耐煩，發現自己又掉入舊模式裡打轉。但是當這些情況發生時，丹尼爾會找個藉口到洗手間，然後閉上眼睛，想像自己六個月後正從事熱情所在的工作，並告訴自己這一切都是值得的。接著他提醒自己，接受這份工作是「自己的選擇」，是為了能在工作中實踐人生意義才選擇留下來。透過採取原動力心態而非被害者心態，丹尼爾讓自己處於學習狀態，朝著夢想繼續邁進。

從經歷領導力與健康危機並迫使自己瞭解原本的工作無法得到真正的滿足，到重新建立意義的連結，更快地度過艱困時刻，丹尼爾著實有了巨大的轉變。他知道這不是第一次也不會是最後一次遇到盲點或覺得不滿足，因為情況會持續不斷地改變，他還是會發現自己處於適應區。然而現在他知道，無論發生了什麼事、自己選擇如何回應，都必須要由自己來負起責任。現在的他也擁有覺察及其他需要的條件與人生意義連結在一起，懂得避免被情緒牽著鼻子走，甚至能夠預期自己何時可能會遇到挑戰，並可以保持開放和學習的狀態。

六個月後，丹尼爾果然實現了夢想，他開始在充滿挑戰的環境中與公司的管理團隊一起共事。歷經許多困境之後終於實現夢想，做自己覺得有意義的事，對丹尼爾來說是很大的成就感。丹尼爾還體認到一件事，雖然他可能多年來都將抱負誤認成人生意義，但兩者或許並不互相排斥。事實上，丹尼爾的工作愈能與他的人生意義一致，他工作起來就愈起勁，也就愈能取得成功。唯一不同的是丹尼爾現在不再覺得好像缺少了什麼，儘管他擔任的角色、外部的環境和工作目標會隨著時間不斷轉變，但這些背後的主要核心仍然一致——人生與事業的真正目標與意義。

意義的鏈結

發現並與人生意義產生連結，是一生持續不斷的實踐，無法一次完成。不過以下的問題能夠幫助大家思考什麼才是最重要的，以及可以從何處找到人生的目標與意義。回答完問題之後，請從你的答案之中找出模式與重疊之處，從中覺察出最能啟動你內心最深處與個人最私密的事物。

- 你小時候最喜歡做的事情是什麼？為什麼？
- 你一直抱持的核心本質是什麼？（請列出三到五個）
- 請回想生命中最具挑戰性的時刻，然後問自己：

  從中學到了什麼？

  因此做了什麼改變？
- 回顧人生，你有哪一次或哪兩次感到真正的滿足，並能夠展現出最好的自己？
- 你抱持的信念是什麼？什麼是你最珍視的價值？
- 你希望自己留給後人的是什麼？
- 展望未來，你最大的可能性是什麼？目前面臨的最大問題是什麼？

第六章 學習運動員的修復機制

人性是一連串學習而來的行為，然後交織成無限脆弱的模式。

——瑪格麗特．米德（Margaret Mead，美國人類學家）

艾力克斯是一個活力充沛、充滿創意又有魅力的萬人迷，他在一家大型航空公司的行銷客服部門工作，「讓所有人滿意」是艾力克斯的座右銘。在朋友和同事眼中，艾力克斯是辨派對的高手，從小細節到大場面都能辨得有聲有色，每一場都像是不容錯過的指標性活動。這些成功的派對有部分歸功於艾力克斯的眼界和創意，另外一部分則是他會特別留意大家喜歡什麼，並完美執行每一個細節。他也把這部分的才能運用在航空公司的工作上，為顧客創造特別的體驗。

不過，如此注重細節不一定完全是件好事。艾力克斯自認是個完美主義者，無論再小的細節都不放過。他只是希望一切臻於完美，只要有他參與其中的所有工作，情況也通常如此。

艾力克斯最近也因為完美的表現獲得晉升，在公司得到夢寐以求的職位，這個名為客戶體驗部門副總的新職位，直接隸屬於市場行銷總監麾下，負責公司最最重視的關鍵計畫——扭轉下降的客戶滿意度。艾力克斯所屬航空公司過去幾年的淨推薦值（NPS）不斷走下坡，這是衡量客戶選擇該航空公司及向親友推薦的可能性指標。NPS的計算方式是以對公司正面回應的客戶佔比（推薦者），減去負面佔比（批評者）所得到從正一百到負一百的數字。

航空業目前的平均NPS大約是三十，艾力克斯的公司已經居於業界最低分好一段時間了，上一季甚至掉到零以下，以負二的成績收場。所以公司的執行長和執行委員會進行了幾項改革，其中之一就是設立新職位並提拔艾力克斯，並以扭轉顧客經驗，減少客訴，提高滿意度與忠誠度為主要目標。公司的執行長告訴艾力克斯，他想讓公司的NPS從「最差跳到第一」。

艾力克斯對於公司的客戶問題感到懊惱，但也對自己得到這個新機會欣喜若狂。這個新職位不但是艾力克斯的夢想，也是一個建立專屬團隊的機會。由於扭轉顧客經驗是公司高度關切的項目，所以艾力克斯獲得了大量的資源。「需要什麼儘管說！」艾力克斯的上司芮秋一直這麼對他說。除此之外，艾力克斯還能從全公司各個部門挑選最優秀的人才進入他的團隊，所以現在有非常棒的人為他工作。其中一個是喬安。喬安擔任公司銷售部門主管多年，在那之前也有深厚的航空營運管理經驗。有了喬安這個得力助手負責日常管理和規劃各種策略，艾力克斯得以心無旁騖地專注在改善NPS的轉型計畫。

私底下的艾力克斯為家庭和社區投注了與工作相比毫不遜色的熱情與活力，他就像轉個不停的馬達一樣。艾力克斯和他的丈夫蓋博有一對七歲的雙胞胎，分別是李歐和艾比，艾力克斯不但是當地教育委員董事會的主席，他和蓋博也非常積極參與教會與學校事務。

艾力克斯就任新職後的第一步，是確保組織的順利運作，確認自己的新團隊能夠同心協力，並且適應他這個新領導者。同時，他開始以祕密客的身分搭乘自家班機，盡量不透漏自己的身分，親身體驗與客戶相同的經驗，親自找出需要改進之處。艾力克斯注意到一些問題，於是制訂了十二項措施來進行轉型計畫。這些措施涵蓋了大幅度的改變，包括登機的標準流程、托運行李的規定、空服員的教育訓練。客服中心也做了一些改變，像是自動呼叫系統、新的客服規章，還有機艙餐點和娛樂項目的改變、其他附加服務的收費調整、公司網站的升級，以及為了提升使用性所規畫的客戶端應用程式更新。公司每個月都會做NPS的追蹤，而艾力克斯的雄心是在一個月內讓NPS從負轉正，並在一年內達到五十。

只可惜艾力克斯很快就遇到障礙。資訊科技部門告知六個月內都沒辦法配合，空服員工會對培訓提出異議，餐飲和娛樂部分也因為有合約在先，十八個月內無法作任何更動。更出乎意料的是想要更動和機場停機坪運作相關的任何規範或程序，幾乎需要公司裡的每一個人的簽名同意。艾力克斯第一個挑戰的是資訊科技部門，因為愈來愈多顧客與航空公司的第一次接觸是透過線上或應用程式，不幸的是目前公司的這兩項運作都太緩慢也不好用。艾力克斯親自處理這件事，很快就獲得額外的資源，引入外部廠商來進行支援，也成功說服資訊科技部門立即進行修改。艾力克斯告訴喬安：「如果我想在這裡做點什麼改變，最好自己動手。」

艾力克斯迎戰的第二個挑戰是空服員的訓練，他認為這是當前的問題核心。不過喬安說她已經跟人力資源主管談過，工會不願意推出新的培訓。「為什麼他們不想做？」艾力克斯難以置信地問：「他們跟顧客的互動比任何人都頻繁，新培訓是讓他們的服務更好，我以為工會希望有更好的培訓機制，想不到他們竟然堅決反對！」

喬安同情地聳聳肩，說道：「我是贊成啦，不過人力資源主管是這麼說的。」

艾力克斯一邊搖頭一邊拿起電話，他對喬安說：「我敢打賭他們一定沒搞清楚，如果他們不瞭解為什麼要這麼做，當然就不會想要多事。」他嘆了一口氣，接著說：「我會直接找工會主席談，我知道怎麼說服他。」艾力克斯在那週與人力資源部門及工會領導來來回回交流討論，他們最後終於同意進行新培訓，但內容必須做一些改變。艾力克斯和他的團隊開始設計培訓計畫，雖然對於必須刪除一些重要部分感到有點挫敗，但目前至少為止還算順利。

資訊科技部門在隔週向艾力克斯展示他們新修改的網路報到頁面，艾力克斯對他們缺乏創造力且不重視細節的設計感到十分失望。「真的有客戶試過了嗎？這上面的訊息太多了，我根本不知道該從哪裡辦理報到。還有，如果我是白金會員，為什麼這個網頁不會主動顯示我的資料？」艾力克斯一邊說一邊上上下下滾動頁面，他說：「這個托運行李的選項表格太小了，幾乎看不到。我們的目的是想讓客戶更容易辦理報到，不是更麻煩。」

艾力克斯嘆了口氣，說：「我們會再提一份詳細的修改清單，讓你們再試一次。」幸好艾力克斯自己的團隊合作無間，只是他對自己得為其他部門勞心費力感到無奈，更讓人氣餒的是他們月底的 NPS 竟然從負二降到了負五，艾力克斯因而感到心力交瘁。

沒多久，蓋博獨居的母親摔倒傷到了臀部，因為沒有人可以照顧她，所以艾力克斯和蓋博認為蓋博應該回家陪他母親一、兩個月，直到她康復。蓋博離開之前關心地對艾力克斯說：「你的事情已經很多了，我覺得很抱歉還得把孩子留給你照顧。請你也要好好照顧自己，好嗎？」蓋博非常清楚艾力克斯老是喜歡一肩扛起的習慣，也知道他就像超級英雄一樣絕對有能力做到，所以有點擔心。但艾力克斯只是揮了揮手，說：「不用擔心我，好好照顧你媽，我會好好的。」

艾力克斯拿出他一慣的充沛活力，開啟了單親育兒的日子。他每天早起做早餐、準備中午的午餐，然後送小孩上學。現在他不能上教堂或參加學校的委員會，因為他得在家陪小孩，不過艾力克斯也知道這只是暫時性的。雖然蓋博不在家，小孩還是繼續上課後活動，經過漫長的一天，小孩通常比平時更累也更難搞，等到艾力克斯終於哄小孩上床睡覺之後，他自己也常常已經筋疲力竭。

如果想讓事情有所不同，就必須採取不同的領導方式

現在的艾力克斯無論在工作上還是家庭，都正處於高風險適應區，然而他並未覺察到這一點，還繼續採取過去管用的做事方法。接下來，艾力克斯的情況即將變得更糟。接下來的這週，喬安告訴艾力克斯自己即將離職，並跳槽到另一家競爭公司擔任客戶體驗部門主管。艾力克斯極力想挽留，但是無法提出比喬安即將到任的工作更好

的職位，他也知道喬安一定能勝任新職。麻煩的是喬安累積了不少休假，現在她要開始休假了。也就是說，她基本上是在沒有任何提前通知之下離職。

「我會開始休長假，我期待這個假期很久了。我還是會進行交接，如果你有任何問題我也都會盡量幫忙。」喬安對艾力克斯說：「我已經一年多沒好好休假了。」艾力克斯不禁既羨慕又嫉妒，忍不住想：「喬安命真好，我也一年多沒真正休假了。」

喬安一離職，艾力克斯就更忙了。之前的他一直專注於啟動轉型計畫，所以不完全瞭解喬安在管理整個日常運作和維繫團隊合作的工作內容，現在他得先暫代這些工作，直到找到接替的人為止。然而與此同時，艾力克斯的每個改造計劃似乎都遇到問題，除了新的空服員培訓計畫還在等最後的批准外，第二次的線上報到系統也還沒完成，更別提其他的了，每一件事都需要艾力克斯投注時間和精力，他開始愈來愈晚睡，好爭取時間做好每一件事。

不久之後，艾力克斯聘請了凡妮莎來接替喬安的職位。她很有潛力，不過因為是由公司外部聘請而來，所以需要一段時間的入職培訓，也無法一下子就承擔所有的工作。艾力克斯覺得天大的責任都壓在自己身上，當他好不容易熬夜將工作完成時，整個人幾乎快虛脫，但腦袋還是停不下來，不斷想著其他那些還沒完成的事。即使已經累得要命，艾力克斯卻難以入睡，他的思緒一直飛速轉動，似乎無法平靜下來。

當一篇針對最佳與最差國際航班進行排名的報導出現時，艾力克斯的處境更為艱困，他的公司被評為倒數第二差（最差的航空公司是一家由州政府壟斷的州營企業，還是出了名的管理不善）。艾力克斯的夢幻工作似乎變成了一場惡夢。他每天晚上著魔似地為自己列出一長串待辦工作，常常半夜突然驚醒起來寫筆記，艾力克斯覺得自己完全失控也耗盡了心神，他開始每天晚上喝一杯威士忌加吞一顆安眠藥，來幫助自己放鬆好睡個好覺。但很快地，威士忌加安眠藥變成了一種習慣，如果一杯威士忌不管用，通常會變成兩杯。

蓋博打電話回家，他母親康復的速度不如預期，以至於原本計畫的一或兩個月現在看起來可能需要變成三個月，甚至更久。蓋博打電話回家後的那個下午，艾力克斯收到學校發過來的電子郵件，是兒子李歐的老師寄的，希望他能到校一趟。艾力克斯第二天一早就趕到學校，擔心是不是發生了什麼嚴重的事。老師說李歐以往都能按時完成作業，但是他最近幾個星期都遲交，她溫和地說：「李歐看起來好像很累，我在想是不是家裡有什麼事？」

「家裡有什麼事？」艾力克斯平靜地重複這句話，心裡卻想妳一定是在開玩笑吧？「家裡沒怎樣，是我沒空陪七歲小孩寫作業啊！為什麼這年紀就有家庭作業？」艾力克斯不耐煩地看了手錶一眼，他已經為了這個會面錯過了一場會議，簡直就是浪費時間。老師瞪大眼睛看著艾力克斯，但是他太激動了以至於沒注意到。「祝妳有美好的一天。」艾力克斯盡可能克制自己的怒氣，拋下這句話就離開教室。

艾力克斯一上車，就沮喪地用拳頭猛捶方向盤。他的工作幾乎沒有任何進展，顧客滿意度不斷直直落，得力的助手也沒了，還得繼續偽單親操持家務，現在他的兒子還在學校遇到問題，老師不積極處理還浪費他的時間，指責他的養育方式。接下來還有什麼在等著他？

艾力克斯感到胸口一陣灼熱，過去這幾個星期常發生。他早上灌了好幾杯黑咖啡，但不記得上一次真正好好吃頓飯是什麼時候。他把手伸進前座的置物箱找的胃藥，才發現已經剩最後一片。他把藥放進嘴裡，心裡想著下次要買更多才行，然後開車去上班。

艾力克斯前腳剛踏進公司，人力資源主管就來到辦公室，告訴他工會領導要求針對新的空服員培訓計畫進行更多修正。「那我何必多此一舉？」艾力克斯再也忍不住，他歇斯底里地大吼：「我累得跟狗一樣想要幫他們把工作做得更好，但他們顯然一點也不在乎，要嘛是他們比較希望把客戶服務搞得比現在更糟，要嘛就是你根本沒做好你的工作，所以說服不了他們！管他的，通通算了！」

人力資源主管不發一語地離開，艾力克斯雙手抱頭坐在辦公桌前。「為什麼這些鳥事一直發生在我身上？」雖然對自己大吼大叫的行為並不引以為傲，但根據現在的情況，艾力克斯覺得有這樣的反應也很合理。胸口又是一陣熟悉的灼熱感，他拉開書桌抽屜找另一盒胃藥，但裡面是空的。艾力克斯狠狠地用力關上抽屜，聲音大到外面走廊底都聽得一清二楚。

幾天之後，艾力克斯和公司市場行銷總監，也是他的上司芮秋一起坐下來聊近況，她說：「這個月的NPS穩穩地定在負五。」艾力克斯的臉上掛滿了失望。芮秋接著說：「嘿！事情還不算太糟，我們已經很久都在往下，現在終於到了谷底，我相信你可以讓我們翻身。不過，我們希望你能開始和一位管理教練一起工作。」

「教練？」艾力克斯認為自己不需要教練，也沒時間跟著教練轉。「謝謝妳，不過應該不需要。」艾力克斯對上司說。

芮秋告訴艾力克斯：「我們有一些優秀的教練渴望跟你一起合作，只要你準備好，隨時都可以開始。」

艾力克斯那個週末想要放鬆一下，享受和孩子一起共渡的時光，所以決定帶他們去海邊，只不過他還是無法擺脫工作的壓力。在開車去海邊的路上，艾力克斯不斷回想自己和人力資源主管以及上司的對話，以至於分心走錯了路，最後還迷路了。

「爸爸，還要多久？我餓了。」坐在後座的艾比抱怨地說：「我們什麼時候才會到？」艾力克斯這時才回過神來。

「再忍耐一下。」艾力克斯伸手找電話，想試著從手機定位找到正確的方向。

手機卻無法顯示訊號，綠燈這時也亮了，艾力克斯卻不知道該走哪條路才對。「但是我好餓啊！」艾比再次抱怨，後方的車子等得不耐煩地按喇叭。艾力克斯的挫敗情緒一下子爆棚，他對艾比大吼：「夠了！我真是受夠了，我已經盡力了，妳還要抱怨這抱怨那！」

艾比嚇得在後座哭了起來，艾力克斯連忙把車停在路邊，幫孩子買了小點心。艾比總算平靜了下來，他們最後也順利到了海邊。只是艾力克斯原本想像有趣的一天，現在感覺起來並不那麼有趣。孩子們沒過多久就問他要在海邊待多久，什麼時候可以回家。

那天晚上，艾力克斯的安眠藥一點用也沒有，腦袋裡的思緒轉啊轉，久久無法平靜。他又喝了一杯威士忌，還一邊熬夜打掃廚房、一邊回想這幾天發生的事。他看著漸漸光亮如新的廚房，才意識到一切已經失控，自己能掌握的事情寥寥無幾。

回想起上司建議與教練一起工作和自己對艾比發脾氣之後，艾力克斯明白事情必須有所改變。即使他拚了命盡最大的努力，事情並沒有按照他的期望或計畫走，他覺得自己在各個方面都很糟糕。等到廚房看來一塵不染時，艾力克斯決定或許可以透過答應和教練一起工作這件事，來顯現自己願意做任何的嘗試。第三杯黃湯下肚，艾力克斯終於有了睡意。

艾力克斯抱著懷疑的心態和教練史蒂夫見第一次面，即使半信半疑，他還是希望史蒂夫能提供一些有用的建議，讓他能夠號召大家一起參與改造計畫，不再遭遇重重困難。只是史蒂夫並不想談論其他人，他只想談「艾力克斯」的工作表現和「艾力克斯」遇到的問題。在艾力克斯的同意之下，史蒂夫已經和團隊中的一些人進行過訪談，瞭解他們的觀點。

「你的夥伴們很敬重你，也真的很在乎你對他們的看法。」史蒂夫告訴艾力克斯：「他們討厭讓你失望，但是有些人認為他們無法反駁你的想法，很難告訴你實情，尤其是這個實情不是你想聽的時候。」艾力克斯沉默地把話聽進去，史蒂夫接著說：「你有很高的標準，這並不是什麼錯，你就像是個大家長，希望團隊裡每一個人的每項成績都拿到A^+，拿得到當然很好，但是如果他們做不到，就很怕把成績單拿出來，所以他們開始什麼都不跟你說。你之所以感到事情全都亂了套的部分原因，是因為沒有得到全部的訊息，因為大家都害怕你知道後的反應。」

艾力克斯點點頭，他知道成績單只是個譬喻，但也讓他想起了小時候拿成績單給爸媽的時候。史蒂夫說：「總之，如果你希望事情能有所不同，就必須用不同的方式來領導大家。」

史蒂夫問艾力克斯，是否同意他認為艾力克斯是個細節控的觀察結論。「也不是所有的細節啦！只有那些重要的。」艾力克斯回答：「但是我的確認為細節很重要，基本上你的觀察很正確。」

「為什麼會這樣？」史蒂夫問。

艾力克斯回答：「因為這樣才能確保事情能夠正確地做好，你得注重細節。」

史蒂夫說這只是艾力克斯個人的信念，對當下的情況而言不一定正確。不過艾力克斯認為這個信念形塑了他的領導模式。「抱持這個信念的領導者通常傾向於控制，因為他們覺得自己比其他人懂得多。」史蒂夫接著說：「所以如果可能，這樣的領導者會親自動手解決大部分的事情。我覺得你會告訴別人該怎麼做，特別是時間緊迫的時候，因為與其讓其他人自己找答案或你慢慢教，這樣比較快。」說完，史蒂夫沉默了許久。

這些話讓艾力克斯心裡感到一陣刺痛，他的內心深處知道史蒂夫說的是事實。

「相信我，艾力克斯。」史蒂夫接著說：「身為一個前完美主義者，我懂這種感覺。這樣的領導者也傾向於相信知道怎麼做、採取行動、把事情做好、指導大家該怎麼做，是使他們成為偉大領導者的原因。這種模式會導致大家承擔的工作愈來愈重，如果他們成功做到了，將會獲得更大的責任和承擔，並在某個時刻實踐自己的領導能力。另外，這類領導者的控制慾大多很強，由於無法接收多元的策略、想法、觀察和觀點，所以也常常錯過一些事。當情況變得艱困時，他們會更想要取得控制、更追求完美，長期累積下來就會變得不堪負荷，導致嚴重的過勞。」

艾力克斯不得不承認史蒂夫大部分都說對了，他和蓋博辦派對時也是這種方式，推動改造計畫也是。他自己想出所有的方法，然後把執行的部分交給團隊。當資訊科技部門和人力資源部門無法實現他的願景時，他就會整個人投入推動，把他們的工作一肩扛起，只因為艾力克斯相信**如果想把事情做好，就必須自己親自動手**。

在史蒂夫改變話題之前，他和艾力克斯又討論了幾分鐘，然後他說：「順便問一下，你看起來很疲憊，也有人說你這幾個星期變瘦了，你有好好照顧自己嗎？」

「當然有。」艾力克斯毫不猶豫地回答：「我很好。」但是史蒂夫沒打算輕易帶過這件事。

「你每天睡幾個小時？」

「嗯，的確是有點睡眠問題。」艾力克斯承認，他說：「我一直試著在十二點之前睡，這樣我就能在孩子第二天早上五點起床前醒來。」

史蒂夫遲疑了一下，說：「這樣一個晚上只睡了五個小時，那飲食呢？」

「飲食？什麼意思？」

「意思是你吃得健康嗎？」史蒂夫說：「你會很訝異營養的食物對工作表現的影響有多大。」

「我吃得還算好，只是太忙了沒時間計畫該怎麼吃，不過餓了就會吃。」艾力克斯說：「我每天吃東西的時間都差不多，吃的大概都是速食或熟食店的三明治。晚上孩子好不容易睡了以後，我也累得沒辦法再做飯，所以都吃他們剩下的。」

史蒂夫點點頭，接著問：「那運動呢？還是任何可以讓你充電的事？」

艾力克斯似笑非笑地看著史蒂夫。說：「我只能說我現在的電量很低。」

個人能量的儲備

無論在哪一個時間點，每一個人的能量都是有限的，包括生理機能、心理和情緒的乘載能量以及認知或注意力。這些能量之間也有相互作用的存在，能互相助長或破壞，若能將這些能量視為一種功能的「電池」，用來儲存精力或是個人的其他能量，這種電池的能量在進入學習模式時能有很大的作用，特別是在重要的時刻。

在一項嘗試同時學習和執行複雜的空中交通管制實驗中發現，在積極性較低的狀況下，學習的速度會更快。也就是說，高積極性容易產生更大的壓力，反而拖慢了學習速度。不過，若在練習過程中安排短暫的休息，高積極性者的學習速度比低積極性和同樣高積極性但沒休息的人都還要好。這個短暫的休息是補充認知能量的機會，這樣就可以更快地學習具挑戰性的任務。

另外一項研究也發現，和原本表現幾乎同樣優秀的同儕相比，小提琴神童的學習能力和長期表現之所以大大超越的原因，不是因為他們的紀律、嚴謹，或是每天好幾個小時的苦練，而是因為他們有頻繁的休息時段，包括中午小睡片刻，來為個人的電池充電。

在早前的故事當中，艾力克斯的生活顯然有很多地方都在適應區裡。他需要適應新狀況、拋開舊習慣，並學習新的技能，以在充滿挑戰的環境當中領導員工和養育孩子。然而他只是不斷地團團轉，卻未適時為自己充電。因此他在保護狀態下失去了覺察的能力，變成溫水中的青蛙，不覺溫水漸漸變得愈來愈滾燙，也不知道自己已經進入了適應區。

事實上，艾力克斯對自己的內在狀況和外部環境毫無覺察，許許多多的小變化一個接著一個，他不知道以自己目前的心態和行為來說，根本沒辦法應對眼前的挑戰。

他不斷以舊慣例應對新狀況，把風險愈拉愈高，卻還搞不清楚事情為什麼沒有按照他計劃或想要的方式進行。

倘若艾力克斯的電池能量滿滿，他就能擁有更大的挫折忍受力，或者更重要的，擁有雙重覺察的能力，也就能很快瞭解到自己的處境需要全新的做法，如果還是做一樣的事，不管之前得到的結果多好，現在只會造成令人失望的結局。艾力克斯現在需要的是轉變，放棄過去的一些舊方法，切換到學習的狀態。而隨著覺察力的增進，當電池能量開始變低時，就能很快發現他沒有好好照顧自己，導致了惡性循環，也影響到自己和周遭世界的接觸體驗。

花足夠的時間幫電池充電，能幫助我們在領導和學習上順利成功，確保我們擁有情緒上必要的挫折忍受力和彈性，來面對人生中的挑戰。若想要幫電池充電，就必須抽出時間在低風險熟悉區裡進行娛樂、練習，並特意在以下四個面向獲得足夠的能量：生理上（睡眠、營養和運動）、心理與情緒上（正念、擁有情感的靈敏力、情緒調節、希望與樂觀、安定與平衡的情緒、處理並解決情緒上的挑戰與長期累積的情緒包袱）、社交上（人與人的連結、社區意識與歸屬感）、還有精神上（與更深、更廣的人生目標、意義和價值產生連結）。

雖然即使沒有以上的這些能量充電，艾力克斯還是能利用個人的儲備能量撐一段時間，但在某個時間點終究會耗盡，使他無法再用正確或客觀的角度來看待事情。他愈來愈沒辦法看到自己的處事方法根本毫無效果，甚至陷入根植於冰山的慣性行為之中，讓事情無法有所成效。

如同艾力克斯一樣，假使我們放任自己在尚未充分恢復能量的狀況下過度耗損，就會嚴重損害我們的健康、幸福和表現。我們之中有些人善於在日子變得忙亂之前得到充分的復原，不過當我們最需要好好修復的時候，卻也常常為了爭取更多時間應付眼前的危機，而最快放棄能為我們帶來平靜與平衡的活動。艾力克斯就是很好的例子，你看他多快就放棄了對情緒復原非常關鍵的教堂活動，以及對恢復身體健康非常重要的睡眠和健康飲食。

研究也發現，當事情一切順利的時候，大多數人從沒真正想過需要充電與復原。雖然我們都盡可能睡飽、吃好好，空閒的時候也會做一些照護自己的事。但是大部分的人都不曾為充電和復原這件事做好充分的規劃，也幾乎不會將前面提到的四個面向納入生活的日常作息，因為我們通常認為自己不需要。畢竟當我們表現得好又感覺不錯的時候，又何須去做那些看似不必要的充電呢？

但是天有不測風雲，當工作變得忙亂或個人生活突然陷入困境，或像艾力克斯所經歷的，許多不同的事情同時發生。突然間，就在所剩的時間和精力都寥寥無幾的時候，我們卻迫切需要充電與復原。問題就在於等到我們真的需要恢復時，往往已經緩不濟急，太遲了。我們已經處於精力耗盡的惡性循環當中，因此阻礙了學習與適應挑戰的能力，導致需要耗費更多的心神與氣力。

迎接挑戰的最好方式，就是在面對挑戰或危機之前、之後和之中，全力投入。簡單來說，就是我們必須在電力耗盡之前就已經充好電。如同運動員不斷維持自己的身體、心理和情緒健康，我們也必須為了迎接挑戰隨時保持滿檔的電力。運動員不只要能從受傷和體力耗損中恢復過來，他們還需要管理自己的營養、睡眠、活力，以及訓練和鍛煉後的體力。為了保持最佳狀態，我們都需要好好地全面照顧自己，別等到為時已晚。

不過這當中有一個很大的不同，那就是運動員知道自己什麼時候將面臨最大的挑戰、保持最佳戰力，但領導者常常是在出奇不意之下接受挑戰，有時候還需要長期抗戰，因此在日常生活中建立有效的充電機制，就變得格外重要。這樣，我們就能在人生出現意外時，擁有足夠的能量來面對。

有些領導者認為關注自己的幸福是自私的行為，但事實恰恰相反。當充滿喜悅與幸福感時，我們更能夠好好解決問題、發揮創造力、表現出同情心、展現韌性，並幫助其他人一起戰勝挑戰。這個世界愈是不穩定、愈是動盪不安、愈是複雜並混沌不明的時候，我們就愈容易縮短復原的時間；然而更重要的，是在事情變得更艱難以前，就做好準備。

替身體做好準備

即使是在最佳狀態下，復原對我們的福祉、表現，和進入學習狀態與刻意冷靜的能力來說，是非常關鍵的一環。事實上，這是一種雙向的連結。**我們需要充分的恢復並充飽身體的能量電池，才能進行刻意冷靜，而刻意冷靜能幫助我們復原得更好，防止身體能量流失得太快。**

讓我們進一步深入探討這個事實。還記得先前討論過自我預言對情緒的重要性嗎？我們愈是頻繁預期自己身陷危險，或是覺得壓力過大，那麼我們的大腦就愈是可能繼續做出類似的預測。換句話說，**我們愈是頻繁感到威脅或壓力，就愈容易有那樣的感覺。**一旦陷入這種反應循環，身體會開始處於焦慮和高度警戒的狀態，不斷將每一個內在或外部的刺激視為威脅，也不斷地做出反應。

內在對外部環境的反應，是決定我們是否進入保護狀態的機制。因此，關注內在其實非常重要。當身體因為睡眠不足、飲食不佳、或運動過度尚未完全復原而能量不足時，我們就會感受到壓力。這讓我們更容易受到外部壓力源的影響，使我們在保護狀態的邊緣搖搖欲墜。

雖然我們無法完全掌控外在的壓力源，但卻能控制大部分發生於內在的事。無論是否覺察到這一點，想要避免大腦自動切換至保護狀態最重要的方法，就是照顧好自己的身體健康，這也是心理和情緒恢復力的基石。

如果大腦一直處於憂慮的狀態，我們會動不動就擔心「我是安全還是受到威脅？該怎麼做才能讓自己保持安全？」大腦的主要功能是維繫生命，當憂心忡忡的大腦得到「我正遭受威脅」的答案時——無論是身體上的威脅、實現目標的威脅、身分認同的威脅、或是情緒上的威脅，我們就會在保護狀態之下做出回應。特別是在感到疲倦、飢餓或處於「低電量」時，更容易做出這樣的回應。

倘若我們能有充分的覺察力，並在這些時刻意識到自己正轉換至保護狀態，就能夠採取有效的應對策略——暫時停下來，利用簡單的呼吸、視覺和聲音技巧，都能有所幫助。這些做法能降低感受到的威脅感，讓我們不會因為害怕而拘泥在舊有的方法，而是學習新的方式、樂於和他人連結，或者以新的角度看待事物。

當身心都充飽電時，我們就能有更好的能量來發現面對的挑戰和問題。在一項實驗當中，低「認知負荷」（cognitive load）[1]的參與者，較能夠自我辨識並糾正自己對性別上的偏見；而高「認知負荷」的參與者，由於大腦資源有限，沒辦法做同樣的事，因此出現明顯較高的偏見。這些人並不是天生就有偏見，只是當下缺乏認知的能量資源以至於無法做到自我覺察。

想要確保擁有學習資源的一個簡單方法，就是好好照顧自己的身體，讓大腦不會將內在的壓力信號誤認為威脅。我們都知道在飢腸轆轆或疲憊不堪的情況下，很容易就會被情緒沖昏頭。例如在二〇一三年的研究發現，無論是否有其他的影響因素（像是壓力、焦慮、抑鬱或對關係的整體滿意度），睡眠品質差會導致戀愛中的情侶嚴重爭吵，可能使整段關係陷入危機。

我們在整本書當中看到了幾位領導者的例子，他們認為自己的胃痛、胸疼和其他身體上的症狀，都是源於對外部壓力的生理反應。就像艾力克斯和他的胃灼熱症狀，他的壓力很大，在飲食方面也疏於注意，並開始出現經常性的胃灼熱。但是他的大腦對這些並不知情。

1 大腦用於認知處理與記憶的使用量。

艾力克斯的大腦只不過是接收到胸疼的訊息，就忙著確認：「我現在安全嗎？還是受到威脅？」因為對他的大腦來說，胸疼很可能就是受到威脅的結果，所以很快就啟動壓力反應。一旦感覺到生理壓力反應的影響，艾力克斯就會自己產生假設「想法」，來解釋正在發生的事，他的想法是：「我的壓力很大，這造成了胃灼熱。如果身邊的人願意扛起責任，我就不必受胃灼熱的罪。」這樣的想法顯然不客觀也未必真實，艾力克斯也可能感覺出自己對於壓力的反應，但告訴自己：「胃灼熱又來了，我真的不應該空腹的時候喝咖啡。」他還可以告訴自己很多其他的假設想法。

我們永遠無法確定艾力克斯的胃灼熱是什麼原因造成的，很可能是壓力和不良飲食習慣的共同結果。重點是如果艾力克斯若能好好照顧自己，同時練習雙重覺察，他就更能夠解讀身體和大腦之間傳遞的訊息和信號，並利用這些訊息和信號來改進大腦的預測過程。

麗莎・費德曼・巴瑞特（Lisa Feldman Barrett）以「身體預算」的譬喻來解釋大腦如何分配身體的能量。身體預算不只代表身體儲存的能量多寡，也決定我們如何使用這些能量。也就是說，我們體內的「電池」除了儲存能量，也會決定將能量導引分配到內部或是外部。內部指的是我們的想法和集中的焦點，外部則是我們說的話和做的事。還包括對情況的解讀、基於預測過程產生的情緒，以及認為什麼是最重要的、為什麼如此重要的心態和信念。

從單純的預算角度來看，獲得充分的復原能幫助能量的保存。消化一頓大餐會消耗能量，疲憊不堪時會消耗能量，整天坐在電腦前參加視訊會議也會消耗能量，甚至一些幫助我們入睡的方法也會消耗能量，像是喝酒或狂追劇。睡前喝酒會讓心率加快，導致心律變異（一種衡量身體復原力的指標），使得晚間的心跳速率急遽下降，造成睡眠品質不佳，也就因此缺乏身體活力。

我們的大腦為了維持在最好的狀態，需要佔據身體預算的百分之二十。如果身體預算太低，大腦的資源就會比較注重在生存，而不是認知的表現。若以比喻的意思來說，當體內的電池能量低於百分之百時，我們就沒有足夠的能量來啟動大腦，這會影響到我們的情緒、思考能力和看法，讓我們更有可能預測自己正處於威脅中，因而切換至保護狀態。難怪當電池能量不足時，我們會變得不好溝通，難以做出正確的決定，也很難進入到學習的狀態。

這顯然就是發生在艾力克斯身上的事，他的身體預算正在減少，使得他更容易進入保護狀態，無論是在工作上或是與孩子及孩子老師的相處上。話說回來，即使艾力克斯得到充分的休息與復原，他還是有可能在上述的這些狀況下感到沮喪或憤怒，不過至少比較不會那麼容易被情緒牽著鼻子走。他會有更多能量資源讓自己的思考更清晰，做出更好的選擇。就連艾力克斯在去海邊的路上迷了路，有部分原因也可能是他的大腦缺乏能量，導致頭腦混沌不清的結果。

值得注意的是，在大腦這個複雜的機制之下，並不是所有會耗盡身體電池能量的事情都是負面的，例如在學習狀態下的運作就恰恰相反，雖然是正面的，但需要大量的專注，所以可能讓人耗盡心神與體力。

無論是在健身房鍛鍊體能或是耗費腦力學習新事物，真正的學習成長很少發生在我們積極督促自己的時候，而是在深層放鬆時。孩子在睡眠的時候長大，因為這時候的身體會釋放大量的生長激素。運動員在運動時會造成肌肉的微小撕裂，但身體在休息時會治癒這些拉傷，促進成長並使其更為強壯。當我們學習新事物時，大腦中相通的神經連結會在睡眠時強化，進而形成記憶。所以我們不僅需要從「壞」壓力中復原，也要從好的壓力中恢復。

當處於不同區域時，身體有兩個神經系統會相互協調。在熟悉區，調節身體運作機制（像是消化和恢復身體功能）的副交感神經系統（PNS）和幫助我們在心理和身體上回應威脅狀況的交感神經系統（SNS），是在一個平衡的狀態。若處於極度放鬆的狀態，則是由副交感神經系統來主導；若處於適應區或高風險熟悉區，則由交感神經系統主導。這兩個系統都是維持生存不可缺少的機制，在刻意冷靜時，目標應該放在這兩個系統整體的平衡。但這並不表示我們必須避免壓力，因為壓力其實是學習、成長和發展的基本要素，而是應該在歷經任何形式的壓力後，找時間修復、恢復，並從中學習與成長。

發現快速動眼期（REM）的睡眠研究學者納森尼爾・克萊德曼（Nathaniel Kleitman）認為，一個人的基本睡眠週期大約是八十到一百二十分鐘，腦波在前半段的清醒期移動速度較快，所以大腦還是很活躍並能夠專注。到了最後二十分鐘左右，腦波逐漸慢了下來，人也開始感到疲倦。其他專家像是安德魯・修伯曼（Andrew Huberman）也認同理想的「學習」時段應該維持在持續的九十分鐘，因為這是大腦能夠保持高度專注的時間。

不過，適合每個人的確切週期時間、慣例和恢復模式都大不相同，沒有固定或單一的標準，需要透過反覆的測試才能找出最適合自己的方法。但對於期望自己能有高水準表現的人來說，規劃充足的恢復時間，並維持處於熟悉區和適應區的時間平衡，是非常重要的關鍵。

恢復狀況的紀錄

想要知道自己的電池電力何時開始耗盡並不容易，如果你能練習雙重覺察當然會是最好的方式，這樣就可以立即察覺自己是否需要額外的復原時間。但更好的是維持不間斷的修復，讓身體電量永遠保持充足的狀態。然而在現實世界中，我們時不時都會犯錯並因此感到疲憊，幸好拜科技發達之賜，現在同時有高科技和低科技產品來幫助追蹤身體的復原情形，讓我們在需要的時候立即採取行動。

每日小測驗

安德魯．漢米爾頓（Andrew Hamilton）是一位體育科學研究學者與作家，他要求運動員每天早上針對六個問題進行1（非常不同意）到5（非常同意）的評分，像是「我昨天晚上一夜好眠」、「我覺得精力充沛、活力滿滿」、「我幾乎感覺不到肌肉痠痛」，然後再把評分數字加起來，若是低於二十分，他會建議對方休息一天，或是改成輕度的「縮減」訓練，直到這位運動員的電池充飽電。

我們也可以用類似的方法來測試自己在身體、心理、情緒、社會及精神層面的復原程度。所以我們擴充了漢米爾頓的測驗題，幫助大家評估並覺察自己的恢復程度。每天早上請以1（非常不同意）到5（非常同意）的程度打分數，再計算總分。

1 我昨天晚上睡得很好。
2 我今天有明確的目標。
3 我很期待今天的活動。
4 我對自己的未來感到樂觀。
5 我覺得活力充沛、精神奕奕。
6 我的飲食健康、營養均衡。
7 我覺得有一點疲憊或過勞。
8 我可以專注於最重要的事情。
9 我覺得自己和生命中重要的人有所連結。

如果總分低於3，表示你尚未完全復原，需要更多的修復時間。

聆聽他人的回饋意見

注意周遭的人給你的有意或無意的回饋意見，倘若他們一直詢問你的健康狀況，特別是在氣氛緊繃或重要的會議之間或之後，可能是他們感覺到有些地方「不對勁」。如果可以公開徵詢以下這些人的回饋意見更好：

- 同事

- 團隊成員
- 教練或導師
- 家人
- 親密的朋友和（或）伴侶

利用高科技的回饋訊息

穿戴式的科技產品能讓我們深入瞭解自己的身體恢復狀況，可以追蹤心率、血氧值、睡眠模式、運動模式等等。有些還包含特殊的運算法，可以知道承受的壓力大小。具體來說，許多穿戴式設備能追蹤心率變異（HRV，heart rate variability），即心跳速率的變化，是一種測量恢復力的指標。雖然每個人都有自己的基準，但一般來說，**HRV** 的數值愈高代表恢復力愈強，心臟就愈能在需要加速或平靜下來的時候進行調整。反之，若 **HRV** 的數值愈低則代表恢復力下降、疲勞和罹患心血管疾病。**HRV** 的數值也會受到很多因素的影響，包括壓力、睡眠不足、健康狀況、營養吸收、年齡和遺傳。持續追蹤 **HRV** 數值一段時間，是瞭解自身恢復力的好方法。倘若你的 **HRV** 數值逐漸降低，就是恢復力下降的警訊，這時候需要多安排恢復的時間。

緩慢而穩定

我們離開時，艾力克斯開始意識到自己的電池電量已經嚴重損耗，使得他無法放開完美主義和控制慾的習慣，即使這些顯然不再奏效。這時候的艾力克斯需要面對事情必須有所改變的事實，而且這些改變也必須是他可以真正掌控的。他不能讓蓋博早點回家，不能強迫喬安回來為他工作，更不能讓一天二十四小時變成三十六小時來完成更多工作。但是，他可以把更多工作授權其他人來處理，不要每一件事情都想自己完成，可以尋求幫助，讓自己有更多的剩餘時間。

艾力克斯感到無比的灰心，他真的以為自己一個人就可以搞定，也可以做得很好，但是他真的做不到。他必須接受自己已經疲累不堪並需要修復期的事實，也代表有些事情沒辦法按照計畫進行。如果艾力克斯繼續無視下去，他就會在某個重要事件或許多事情上嘗到失敗的苦果。經過深思熟慮之後，艾力克斯意識到他寧願只選擇重要的事情好好完成，也不希望每一件事都做卻不夠完善。

為了這個工作上的改變，艾力克斯還需要面對自己的冰山，以及「如果想把事情做好就得自己動手，如果做不到就是個失敗者」的想法。這也是他在風險很高時變得極具控制慾和完美主義的原因。他告訴史帝夫自己不喜歡被打敗。

「承認自己不是超人並不是被打敗。」史蒂夫說：「不願正視自己的極限，其實是一種自我拖累，對你的團隊也是一樣。」史蒂夫停頓了片刻，接著問：「如果你不再相信所有的事情都必須自己做才能正確完成，那會有什麼其他的可能？」

艾力克斯仔細地想了想，說：「我會對同仁和自己更有耐心，多多利用周圍同仁的能力，讓他們貢獻更多創意，而不是只跟著我的口令和想法做事。」艾力克斯又想了一下，然後突然發現地說：「我猜，那也會讓所有人不至於疲勞過度。」

有了這樣的見解，艾力克斯鼓起勇氣誠實檢視自己的生活，並做出一些改變。首先，他雇用了一位保母來幫忙，直到蓋博回來為止。然後艾力克斯考慮了自己在教育董事會的角色，他真的很喜歡在董事會任職，但是身為董事會主席的責任實在太重，所以他做出了艱難的決定，辭去主席的職務但仍然擔任董事。

這讓艾力克斯每天晚上有多餘的時間可以安排健身、好好吃一頓晚餐，有更多獨處的時刻。作為一個家有小小孩的高效表現者，艾力克斯已經好幾年都沒有真正屬於自己的時間，現在他終於有時間好好思考自己真正享受的事情。每天晚上在陽台喝茶、回顧一下這一天的點點滴滴，就有度假的感覺。

在史蒂夫的敦促之下，艾力克斯也試著將睡眠放在首要項目，但光是晚上有更多睡覺時間還不夠，因為喝過茶之後，艾力克斯先忙著回覆電子郵件，然後無論什麼時間上床，他都會翻來覆去輾轉難眠。過了一陣子，他決定告訴團隊同仁自己晚上八點之後就不再回覆電子郵件，他希望這麼做不但能幫助自己入睡，也能幫助其他人睡個好覺。

而放下手機之後，艾力克斯逐漸建立起每天晚上的作息習慣。喝完茶以後，他會想三件讓他感激的事情，以及為什麼感激的原因，然後就準備上床睡覺。入睡前會閱讀小說直到睡意來襲。幾個星期之後，他已經可以不服用安眠藥就能入睡。

在工作上，艾力克斯決定將針對NPS的改造計畫進行先後排序。目前先將重心放在牽涉最廣、影響最大的兩個部分——空服員培訓和線上報到系統的更新，之後每一個月再針對兩個項目進行改善。艾力克斯對自己無法一次全部完成感到氣餒，因為這代表當初計畫在一年內將公司的NPS推進到五十的目標不可能達成。然而他也明白這麼作能讓團隊更專注，同時避免疲憊過勞。艾力克斯不禁想，或許一開始著手改造時就應該這樣規劃。

艾力克斯和團隊討論，並告知大家接下來需要每個人的想法和意見回饋後，他分別和人力資源主管及資訊科技部門的產品開發主管會面，讓他們知道自己非常倚賴這兩個部門的協助，好讓改造計畫順利啟動。他解釋了他們對顧客經驗的重要性，並告知即將交付這個重責大任到他們的手上，接下來就由各自的團隊來負責。這讓艾力克斯能專注於和自己的團隊一起工作，每個部門分工合作完成剩下的計畫。

艾力克斯復原得很好，在工作和家庭的表現也相對漸入佳境，然而他還是感到沮喪。他希望自己能更快速推動改造計畫，產生更大的影響力。幸好下個月的月底傳來了好消息，公司的NPS在數個月以來首次衝破零以上，但是也只有二，遠低於艾力克斯想要的五十。不過艾力克斯意識到當自己什麼工作都想自己來時，公司的NPS並沒有上升，儘管進展緩慢，但至少現在所有的事情都朝著正確的方向走。艾力克斯漸漸復原，他開始能夠再次從工作中得到成就感，並享受和孩子們一起共度的時光。

那天晚上，艾力克斯幫李歐和艾比蓋好被子之後，還念了一個故事給他們聽。「……緩慢而穩定地贏得了比賽。」讀完了龜兔賽跑的最後一句，艾力克斯闔上了書本，並在兩個孩子的額頭上親了一下。然後他領悟到這句話對自己是一個很好的提醒，透過面對自己「慢下來」的結果，反而創造出更具永續性的表現，或許這樣的方式才能讓他們最後終於贏得NPS的「比賽」。

建立個人的復原計畫

規劃個人復原計劃最重要的部分，是知道哪些活動和日常慣例會讓你充滿活力，那些又會消耗你的精力。每個人都需要充足的睡眠、運動和營養，但有些復原的要素則因人而異。例如，內向的人可能覺得和朋友外出非常消耗體力，但同樣的活動對外向的人來說，可能覺得充滿活力。請先觀察自己一個星期，記錄每天覺得充滿活力和耗盡精力的活動，然後再進行適得其所地規劃。

請想想看，以下的這些活動會讓你覺得活力充沛還是消耗精力：

- 通勤
- 參加小組會議
- 參加一對一會議
- 參加線上會議
- 進行高度專注的個人工作
- 和同事一起外出午餐（請單獨列出人名）
- 和一群朋友相處
- 和某個朋友相處（請單獨列出人名）
- 自己獨處

一旦瞭解自己的電池是靠什麼充電或為什麼耗電之後，就可以好好安排一天或一星期的活動，讓身體能量發揮最大的使用效力。

第七章 培養雙重覺察

真正的改變和持久的改變，都是一點一滴達成的。

——露絲・拜德・金斯伯格（Ruth Bader Ginsburg），美國最高法院大法官

西蒙對自己聽到的話感到難以置信，她看著產品設計主管喬納森，失望地搖了搖頭。他們工作的醫療保健公司正在進行數位化轉型，其中涉及創建新的軟體來改變公司與醫療保健工作者和病人之間的互動與支持。西蒙是負責開發新軟體、應用程式及特色功能部門，以及負責將產品上市部門的資深副總。讓客戶大規模地使用這些新型數位化產品是其中的關鍵，因為這樣才能帶動市場需求、提高業績的成長，並使公司獲取珍貴的病人與病史資料。這對公司的整體策略方向也很重要，尤其是在公司愈來愈趨向數位化和數據分析的現在。

過去這幾個月來，西蒙領軍的這兩個部門一直處於緊張、分歧和情緒高漲的氛

圍，這讓身為領導者的她感到非常挫敗。她已經盡全力支持下屬，也常常在他們工作做不完的時候，加班幫忙完成。但是不管她怎麼做，他們似乎還是沒辦法把事情做好，甚至越來越落後。現在喬納森正告訴西蒙，他的小組沒辦法在更新的軟體中建置最重要的功能。更慘的是這一天正是他們向其他團隊展示更新版本的同一天，所以就算她想做什麼補救也回天乏術。

「為什麼我現在才聽說這件事？」西蒙略微提高音量地問：「我很樂意介入幫忙，好讓這項工作能完成，但是現在為時已晚，我們就等著在會議中出糗。」她不停提出質問，一點也沒有停下來的意思，而且音量愈來愈大。「如果我們沒辦法產出新的軟體，他們很可能決定中止整個計畫，我們也可能都要捲鋪蓋走人。」

西蒙很討厭被逼到措手不及的地步，她的團隊也知道。既然如此，為什麼他們還是繼續讓她失望，並在最後一刻出包呢？無論西蒙怎麼做，大環境老是對她不利。又或者是目前的團隊無法勝任這項任務，她需要尋找新的領導者。

喬納森一邊嘆氣一邊收拾東西，然後離開了西蒙的辦公室。他知道應該早點把問題說出來，但是他一直專注在團隊能夠做到的其他問題改進上，包括加速許多測試用戶認為非常有吸引力的功能。在他看來，他們在許多方面都超越了預期的表現，這應該抵得過他們做不到的這一項。不過他從未向西蒙提出這一點，因為他一向懼怕對方的反應。

每當團隊遇到挫折或阻礙時，西蒙就會開始焦躁不安，最後搞得情況變得更糟。

喬納森和他的小組很不想讓她失望，但如果事情沒有按照計畫完美地執行，他們就會覺得自己正在一直讓西蒙失望。然而進行目前這麼大規模的轉型，幾乎不可能完全按照計畫走，遇到阻礙或是延遲實在不可避免，只是每當喬納森提出問題時，西蒙總是把失望寫在臉上並直接聯想到最壞的結果，也讓整個團隊的士氣低落。所以，喬納森常常試著自己解決問題，就算如果早點跟西蒙說或許能得到她的協助，說不定還是有成功的機會。

從西蒙的立場來看，她每一件事都沒做錯。她向團隊展示了自己對這項計畫的關心與重視，也不斷詢問是否有她可以協助之處，甚至提出許多尖銳的疑問來找出問題的根源並加以調整。然而，喬納森認為西蒙雖然並未直接造成問題，但會助長很多問題。儘管西蒙怪罪團隊沒及早發現問題，但喬納森覺得她對問題的強烈反應反而加劇了許多問題本身的嚴重性。

階段一：一無所覺——未覺察內在狀態或外部環境

一無所覺是建立雙重覺察五階段中的第一個階段，西蒙正處於這個階段。西蒙在第一個階段的行事方針大多隨著自己的心意為主。她以自己的角度看世界，並認為自己的見解客觀地反映現實，而且都能妥切的回應。她幾乎沒有意識到自己的隱藏冰山和行為模式，也對自己的行為造成自己和其他人的影響絲毫不察。

當團隊遭遇挫折和挑戰時，西蒙是真心想要伸出援手，但是她沒發現自己的行為反而讓團隊成員更不可能向她求助。西蒙把問題歸因於同仁的行為和領導無方所致，卻沒意識到實際上的許多問題都源自於她的行為和領導風格，這

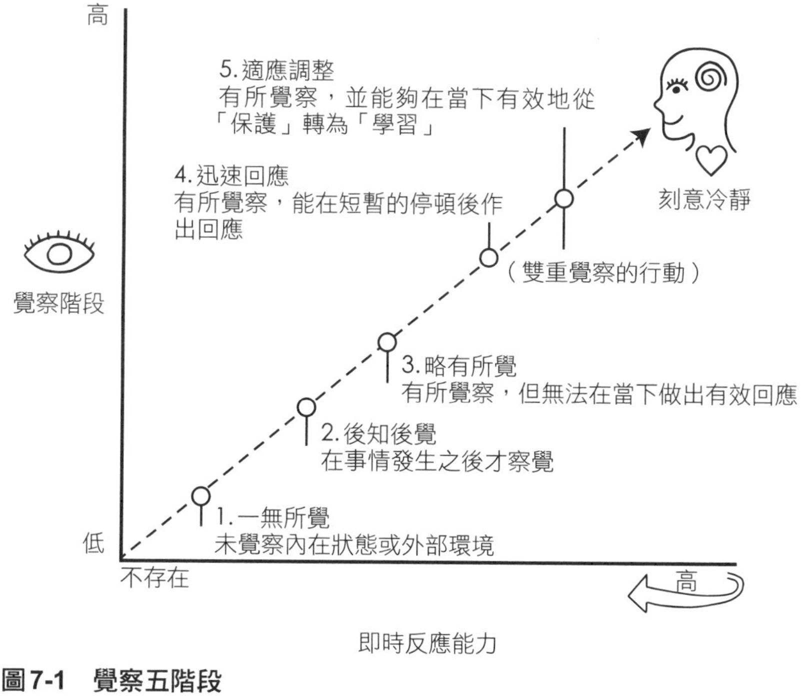
高
低
覺察階段
不存在
高
即時反應能力
5. 適應調整
有所覺察，並能夠在當下有效地從「保護」轉為「學習」
4. 迅速回應
有所覺察，能在短暫的停頓後作出回應
3. 略有所覺
有所覺察，但無法在當下做出有效回應
2. 後知後覺
在事情發生之後才察覺
1. 一無所覺
未覺察內在狀態或外部環境
（雙重覺察的行動）
刻意冷靜

圖7-1　覺察五階段

也是為什麼即使在不同的團隊和情況下，西蒙會不斷遇到同樣的問題和挑戰。

在這個階段中，我們的反應、情緒和行為以某個層次上來說，是根據我們能「察覺」到的狀況而來，以我們看來當然完全合理。我們認為問題的原因來自於外部，所以通常不會停下來檢視這個問題是什麼原因造成的，或者是我們內心的什麼事導致這樣的反應。我們也無法看出自己其實有很多不同的選擇，無論是如何解讀當下的情況，以及對這個情況的感受、想法和回應方式。

有趣的是在這個覺察階段中，我們經常以完全相反的方式看待其他人。當我們觀察其他人的行為時，常常會將其視為個人特質、能力、選擇或性格的綜合反應，但卻經常將自己的行為歸咎於所處的處境和環境所造成。我們會根據自己的目的來評斷自己，卻用他人的行為來評斷他們。這就是社會心理學中所謂的「基本歸因謬誤」（fundamental attribution error）。

當目睹他人的行為時，我們大多會把焦點放在這個人的身上，而不是他們所處的情況。然而當我們放眼這個世界並選擇做出自己的行為時，周遭的狀況反而變成主要原因。因此，我們多將自己的行為歸諸於背景因素的影響，使我們做出自認為在那個當下既適當又合乎邏輯的行為。而當我們因此犯下錯誤，就更可能為自己的行為找藉口，讓自己免於負起全責。但另一方面，我們卻又評斷並指責他人的行為。

然而，真相其實介於兩者之間。每個人的行為都是個人與其處境之間相互影響的結果，這個處境不斷影響著個人，但是個人也不斷塑造著自己的境遇。在我們的認知當中認為自己的狀況是客觀的，然而其他人在同樣狀況下的看法和回應可能截然不同，因為每個人的認知和情緒處理有很大一部分受到潛意識的左右，我們也在不知不覺中形塑了自己的處境。

在建立了雙重覺察的能力之後，我們就能放慢速度觀察自己當下的處境、內部的反應和相關的行為。當我們愈能夠覺察到這三者的連動，就愈能夠同理其他人的行為，對自身的覺察也會有所影響。當我們能夠以同理心和開放的態度接受他人的看法時，就能深入反觀自己的行為，瞭解其對他人的影響，從而提升自我覺察的能力。

◇◇◇

那天下午，在向團隊展示軟體更新版本會議之前，西蒙收到喬納森的簡訊，寫著：「嗨！西蒙，關於這次會議，如果有很多需要批評的地方，可以的話請先告訴我，然後我會等比較恰當的時機再跟團隊分享。」

西蒙再次看了簡訊，覺得有點困惑。喬納森的要求似乎挺合理，但她感覺怪怪的，或許這個簡訊背後還有更多她需要瞭解的事。她覺察到喬納森可能有什麼話想對她說，或許是和她如何與團隊互動以及提出建設性的批評有關。

西蒙簡單回覆了「好的」兩個字。會後，西蒙請喬納森回到辦公室。「在我給你會議回饋之前，我想知道這個團隊怎麼了，為什麼大家這麼脆弱？我們得先私下先談？」她說：「或者我該換一種批評的方式，這樣我就不必跟你分享所有負面的問題，然後靠你來轉達。」

喬納森意識到這是一個機會，能讓他說出隱瞞好一段時間說不出口的話，但他還是有點擔心西蒙的反應。他小心翼翼地措辭：「或許，你可以盡量不要把那麼多失望和沮喪表現在臉上。」接著遲疑地說：「如果語氣盡量保持平靜……我的團隊並不想讓妳失望，如果妳看起來那麼地沮喪，他們也很難對妳說真話。」

「我一直很冷靜啊，不是嗎？」西蒙問：「我的意思是我也沒大吼大叫，我們只是在討論事情。」

「或許妳沒注意到。」喬納森回答：「但是當妳覺得沮喪時，說話的速度會愈來愈快。或許妳沒大吼，但是妳的聲調會提高，開始有一點咬牙切齒，這都讓大家感到有點緊張。」

西蒙第一次聽到這些。她說：「好吧！」西蒙深深嘆了一口氣，點了點頭，好像聽懂了什麼，接著問：「還有嗎？」

「嗯……」喬納森緩緩地說：「當妳提到如果我們不成功的話，接下來可能會發生的那些恐怖後果，真的會讓大家難以招架。我們需要擔心的問題已經夠多了，大家都覺得自己有責任把事情做好，也很不想讓妳失望，妳不需要再告訴他們最壞的結果。」

「我什麼時候這麼做過？」

「就在上一次關於技術更新的團隊會議上，妳說如果這次失敗了，基本上整個公司都會完蛋。」喬納森平靜地說：「其中一個同仁會後還哭了，她很怕失去這個工作。」

「噢。」西蒙好一陣子不發一語。「我不知道會這樣，謝謝你，喬納森。」西蒙說：「我會再好好想一想。」

西蒙那天晚上一直無法闔眼，喬納森說的那些話在她的腦海中盤桓不去。一開始她覺得喬納森和他的團隊太過敏感，只不過就是臉上的一個表情，有那麼嚴重嗎？但是西蒙必須承認，喬納森說的那些話並不假，而且還有幾分道理。她不禁懷疑自己是否真的造成了團隊的問題。

第二天，西蒙和團隊中的五位資深領導者一起討論後續的軟體更新計畫。當負責將產品上市的部門領導者對於他們的意見再次被忽略而火冒三丈時，氣氛頓時火爆了起來。瑪雅是負責業務推廣及接收關鍵意見數據的領導者，她突然在會議中跳腳，氣沖沖地對喬納森說：「你就是不聽！你又再次不採納我們的意見！這個完全不能用！」

「但是我們的確採納了妳的意見，全部都有！」喬納森說：「這樣的設計並不完美，但確實好用。妳希望優先考慮的每一個必須要有的功能都包含在裡頭，雖然我們說這次的更新只能有兩或三個全新功能，但最後我們做出了六個，而且全都管用，妳的要求太不切實際。」

「你還是沒把我的話聽進去。」瑪雅惱火地坐回椅子上，她說：「如果我們的客戶得點擊那麼多頁面才能找到他們想要的報告書，那根本就是違反使用上的直覺性，等到他們終於到了那個頁面，那篇報告書又如此難閱讀，這樣又有什麼意義？應該是一鍵就到，簡單又直接了當。」

西蒙一直希望他們能自行解決問題，但她沒辦法再繼續旁觀兩人的你來我往。

「夠了，不要再互相指責，讓我們一起負起責任來解決這個問題。」西蒙說：「瑪雅，如果這是最重要的事，那麼我們為何要嘗試做六種『必備』功能？何不把火力都集中在這一個呢？喬納森，老實說六種都做得普普通通真的是全世界最糟糕的了。你也知道我們現在很難讓用戶適應新的功能，更別說改變他們的使用習慣，我們已經開始流失有一些轉換過來的客戶了。瑪雅，妳和妳的團隊不能再列出那些不切實際也不太可能做到的清單，只要專注在幾個關鍵的事就好。如果這個報告書那麼重要，請和喬納森的團隊一起合作，準確說出妳們想要的需求，不要再提出不合理的要求。還有，喬納森，我必須同意瑪雅說的，你真的沒把話聽進去。這個報告書真的太艱澀了，而且整個頁面既沒有視覺的吸引效果，也很難閱讀，這樣有什麼意義？我們現在正處於危險時期，如果每得到一個新客戶就會失去兩個客戶，那我們不如捲舖蓋回家。請兩位現在開始一起努力，找出解答來。」

話一說完，西蒙就心跳加速地起身往門口衝出去。她告訴自己這正是他們所需要的——嚴厲的愛。但是回到辦公室，西蒙關上門坐了下來後，卻心頭一沉。她想：「這是否就是喬納森說的那種行為？」她真希望自己能收回那些話，或至少換一種比較冷靜的口氣。西蒙也想知道自己有多常這樣，她警覺到喬納森昨天才剛對她說了那番話，而自己在隔了一天就出現了那樣的行為。或許她比自己以為的還更常這麼做……。

階段二：後知後覺——在事情發生之後才察覺

從西蒙的角度來看，喬納森的那番話起了作用，讓西蒙從覺察階段一晉升到階段二。我們在這個階段開始覺察到自己在保護狀態下做出慣性但通常沒什麼效果的行為，然後希望自己當初能說或做不一樣的事。

接收到負面的回饋意見會是一種煎熬，但是接受回饋加上反思，就能幫助我們覺察到自己可能不曾注意到的無益行為模式。誠如有句話說的，回饋意見是一種禮物。而就像西蒙經歷的，傷害最深的回饋意見常常是其中最好的禮物。當接收到的回饋意見顯然所言不假，而且是我們可能隱隱所知或不知的時候，我們會猶如被蜂螫般刺痛。然而如果能夠加以仔細關注，這股刺痛其實是一個訊號，讓我們知道學習的機會來了。

回饋其實有很多不同的形式，我們通常認為回饋來自於一個人給予另一個人的明確事物，但我們可以透過其他許多方式尋求回饋，藉此深入瞭解自己，以及自己的行為可能對他人的影響。例如，我們可以從仔細觀察別人的反應、從詢問別人對於我們說的話或做的事有什麼感覺，或是檢視最後結果是否正如希望的那樣，來得到被動的反饋。

不過，接受回饋並不表示我們必須同意或採取行動。如果回饋是一種禮物，那麼如果你的阿姨送你一件不怎麼好看的毛衣，你可以收下並說聲謝謝，但不表示你一定得穿上這件毛衣。那件毛衣只是代表了阿姨的品味或喜好，跟你的品味或喜好沒有絕對的關係。就如同給你回饋的人是基於他們隱藏冰山中的觀點而來，所以他們的觀點也不是客觀的，沒有一個人是。但是如果我們願意聆聽，他們的意見很可能包含了重要的訊息。就算我們認為某個意見是基於已經被嚴重扭曲的看法而來，還是能有所幫助，這讓我們知道這個人（也可能是其他許多人）是以某種角度來看事情。所以，所有的回饋都能有所助益，即使是完全不正確的也是如此。

心理學家喬瑟夫・魯夫特（Joseph Luft）和哈靈頓・英格漢（Harrington Ingham）在一九九五年創立了一個稱為「周哈里窗」（Johari Window）的概念，用來幫助人們瞭解自己與他人的關係。周哈里窗由四個象限所組成：別人知道但自己卻不知道的（盲目我）、別人不知道自己也不知道的（未知我）、別人不知道但我們自己知道的（隱藏我）、以及別人知道我們也知道的（開放我）。

我們和另一個人之間的「開放我」象限區域愈大，兩人之間的關係就愈有益處。在聽取其他人的回饋意見時，我們能透過縮減「盲目我」的象限區域來擴大「開放我」，當我們願意公開地讓其他人瞭解自己的時候，就能藉由縮減「隱藏我」的象限區域來擴大「開放我」。而「未知我」則是隱藏冰山的所在之處，需要透過深層的反思和內在的運作才能縮小這個象限區域，並藉由與其他人的分享來擴大「開放我」。

透過喬納森的反饋，西蒙增進了兩人的共同理解，也意識到自己的盲點。回到辦

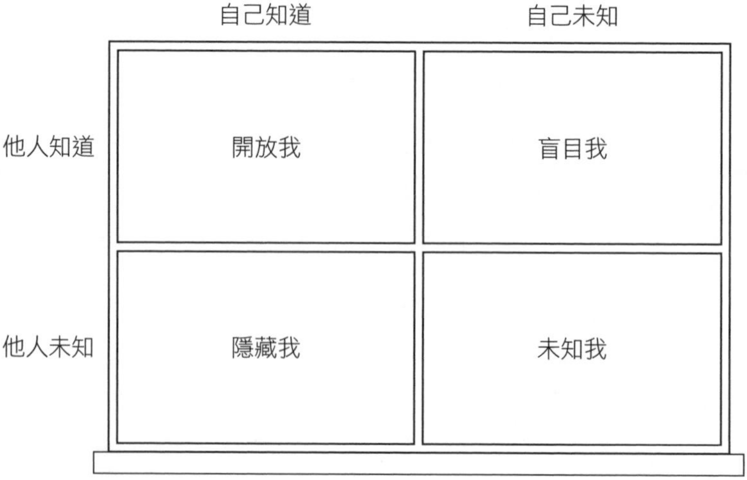

圖7-2　周哈里窗

公室之後，西蒙反思自己在會議中的行為，覺察到自己感到失望和沮喪，並不加掩飾地表現出來。她說話又快又大聲，而最後那句我們也可能都要捲舖蓋走人，可能會被大家認為整間公司都會倒閉，簡直就是糟糕透頂。這正是喬納森想要告訴她的。

西蒙思考自己可以用來回應的其他方式。她大可冷靜的提問，幫助大家找出如何合作以及事情的優先順序。她可以提到這項工作的更大目標，是為了幫助醫療保健工作者和改善病人的就醫結果，根本不該提到公司可能倒閉這件事。她應該提到最近的一些創意解決方案的確因應了客戶對閱讀報告書的需求，並詢問自己可以怎麼讓進度更快。

西蒙多希望之前真的這麼做了，現在的她擔心自己可能讓已經不太好的局面變得更糟。

雖然西蒙目前尚未意識到，但第二階段的後知後覺，將會是她學習過程中的一個重要部分。

階段三：略有所感——有所覺察，但無法在當下做出有效回應

西蒙很快就開始注意到自己平時的行為模式，當她收到令人失望的消息，或是對團隊中某個成員所說的事感到不滿意的時候，她就會自我控制；也會注意到自己開始下巴緊繃和心跳加速時的警告信號。她還意識到自己的自我對話全都在責怪別人，並讓自己陷入最壞的情況。「喔！不。」西蒙對於自己的表情更加自覺：「我的臉上有沮喪失望的表情嗎？有嗎？我可以看大家對我的表情和語氣的反應，他們好像一臉木然，因為他們很擔心我接下來要說的話。」

這是在覺察階段三的西蒙，她正在觀察當下的自己，並逐漸覺察到這個促使她進入保護狀態的事件，以及她在這個狀態下表現出來的慣行感受、思緒和行為。她開始學習辨識自己即將切換至保護狀態的線索，這些線索可能來自於我們的身體、思緒和（或）觀察自己的行為。

身體的線索包括肩膀、頸部的緊繃，或胃痛、顫抖、手心出汗、緊咬著牙、從胸部而不是腹部呼吸、心跳加速以及呼吸淺短。思緒的線索包括負面想法（特別是針對其他人）和捍衛自己認為的真相。個人行為的線索則包括語調的改變、大吼大叫、封閉自我和逃避。倘若我們能夠練習跳脫自我來觀察自己，就能更快學會辨識即將切換至保護狀態的時刻。

就像許多人一樣，西蒙覺得自己被卡在這個階段中。覺察自己正以一種明明知道不會有任何幫助的方式行事卻又無法改變，可能會讓我們感到強烈的不適，這種認知上的矛盾或不一致，導致了認知失調（cognitive dissonance）。大腦天生就會減少認知失調的發生，方法之一就是改變我們的行為，不過責怪他人、否認或為自我的行為辯護是更簡單的選擇，雖然這麼做能讓我們免於不適，但卻會讓我們回到保護狀態。假使我們能夠忍受這種不適感，就能進入更高層次的覺察。

在這個覺察階段當中的西蒙，有時候能夠抑制自己的反應，例如她提高音調說話的次數減少很多，但若就整體而言，她依然停留在保護狀態中，不知道如何轉至學習狀態。雖然西蒙試著在行為上做調整，但是她的信念和心態仍驅使她以慣用模式來行事。為了做出真正的改變，西蒙必須檢視自己的隱藏冰山。我們經常立志做一些行為的改變，但卻不考慮驅使我們做出這些行為背後的動機或原因，也因此常常徒勞無功。而西蒙也漸漸開始思索：「是什麼原因讓我如此沮喪，使我不再幫助我的團隊？」

西蒙在公司裡有一位相熟的導師，她的名字是麥西婭，麥西婭邀請西蒙一起吃午餐。用餐時，西蒙向麥西婭提到自己以及和團隊的互動近況，包括她最近才覺察到的行為。「我試圖領導並指導他們。」西蒙告訴麥西婭：「但有時候會在無意間造成他們的不敢言，我覺得滿懊惱的，因為只要覺得進度拖慢了，我就忍不住會這樣。」

麥西婭問：「妳真正想要改變的是哪一些行為？」

西蒙想了好一會，說：「我不想提高音量說話，不想凡事往壞處想或把事情災難化，也不想這麼直接地顯露我的情緒，特別是在覺得失望和沮喪時。」

「我瞭解了。」麥西婭說：「那麼，妳更希望怎麼做呢？」

西蒙想了想，她說：「問更多問題，保持冷靜和積極正面的態度，在不嚇到大家的情況下激勵團隊。」西蒙又花點時間思考之後說：「我不是有意讓狀況變成這樣，但是當事情進行得不順利時，我的團隊覺得我會對他們發脾氣，認為他們讓我失望了。」

「妳在那個時候對妳的團隊有什麼感覺？」麥西婭問：「妳真的覺得憤怒和失望嗎？」

「沒錯。」西蒙毫不猶疑地回答。

「對妳的團隊嗎？」麥西婭又問。

「不是，不完全是。」西蒙思慮謹慎地回答。她停頓了一陣子，然後嘆了一口氣，說：「老實說，我曾經對團隊的行為感到沮喪，但在現在這件事情上，我真正氣的是自己。我覺得如果自己是一個優秀的領導者，就應該有能力帶領他們找到方法，共同合作得更好，這樣就不會有那麼多的意外和挫折。當問題發生之後，我深深覺得自己是一個失敗者，開始變得非常情緒化，也希望能夠想辦法彌補，但我不知道該怎麼做，所以沮喪和焦慮的情緒就一下子爆發。」西蒙停頓了一下，說：「我想，我一直認為自己必須為團隊裡發生的每一件事情負責，所以當事情不順利時，我會責怪自己。」

西蒙找出了自己的無效領導心態：**我的團隊必須成功並兌現承諾，這樣我才會是一個成功的領導者**。當西蒙以這樣的心態行事，但意外或負面的事情發生時，她的反應會非常地情緒化，因為她的自我價值受到威脅，導致極大的風險。

明確一點來說，問題不在這樣的心態是對還是錯，問題在於這樣的心態是否對我們有利？驅使的行為是否能導致我們想要的結果？西蒙對於領導力的心態有能幫助她在困難的情況下挺身而出，並主動承擔責任。但現在的西蒙是一位高階領導者，會面臨更多適應上的挑戰，她無須再注意日常的細節，而是需要透過團隊的努力來展現成果。西蒙現在的角色和景況，已經超出了她的既定心態。

麥西婭和西蒙探討在這樣的狀況下，對她更適合的其他思維方式。最後，西蒙說：「身為領導者，我的工作是建立一個開放的協同學習環境，讓我的團隊能快速地發現不足或偏差，然後一起面對挑戰並收穫成果。我的角色是指導與帶領，排除障礙，幫助他們找到根本原因，替換不適任無法勝任的任務領導人。」

兩人接著談到如果西蒙以這樣的心態行事，可能會發生的結果。將我們想要效仿的行為視覺化非常重要，因為這樣能在我們的大腦建立新的神經連結。「我可以用更冷靜的方式激勵我的團隊。」西蒙說：「並以啟發的方式提問，讓團隊知道我有很高的期望，有好奇心和同理心，但不會針對個人做批判。希望團隊能不畏挑戰，不會認為自己被針對而有防備心。」

階段四：迅速回應——有所覺察，能在短暫的停頓後作出回應

西蒙下定決心盡力展現她渴望的領導行為，停止助長團隊的緊張情緒。有時候成功了，但在面對挑戰或挫折時，還是常常心煩氣躁，被情緒牽著鼻子走，又回到了保護狀態的行為。

幾次之後，西蒙也想出一個應對的辦法。她會在會議中觀照自己，只要發現自己即將變得情緒化，就會先暫停一下，然後自己到廁所冷靜一陣子。或者乾脆直接建議團隊「中場休息」，讓大家上個廁所。等她獨自一人時，西蒙會做幾次深呼吸，往臉上潑一些冷水，檢視自己的內在和外在發生了什麼事。她會問自己感覺如何？為什麼會有這種感覺？然後讓這些情緒得到舒緩。西蒙很訝異這麼做之後，她的情緒通常很快就會消退。

冷靜下來之後，西蒙會重新審視整個狀況，她不去責怪任何人，或將團隊當前的問題視為她這個領導者的領導無方。她開始問自己可以從中學到什麼，思考如何好好指導團隊戰勝這個挑戰，以獲取最好的結果。

這些小小的策略幫助西蒙重新調整方向，選擇最好的反應而不是讓情緒直接化為行動。只要她愈能夠成功做到這些，就可以冷靜地應對突如其來的狀況和挑戰，也就愈能緩和團隊成員之間的緊繃氣氛。在會議之中就會有更多的對話、更少的沉默、退縮和指責。而透過不斷地練習，西蒙也能夠愈快速地轉換心態。

不過，有些時候即使在暫停之後，西蒙還是會有些出於情緒的反應。她之後反思時發現，通常在她還未完全接受現狀的時候，最常發生這種狀況。我們有一種技巧，稱之為「覺察、暫停、重構」，這裡的覺察有很大一部分不僅只是培養自我覺察，還包括覺察和接受所處的狀況和處境。這就是我們建立的雙重覺察。

身為領導者，我們經常希望能往前邁進，盡快找到解決的方法。但若在壓力之下，**有時候為了加快速度，必須先停下腳步。**先減速才能加速。在現實中，暫停能讓我們先與迎面而來的挑戰保持一點距離，避免立即掉入保護狀態，好讓大腦負責執行功能的部分能夠參與，探索新的選擇與回應方式。只要愈常這麼做，我們就愈能打破在壓力下循用舊方法的習慣，創造出空間嘗試用新的角度看待這個世界，然後做出不同的回應。

覺察的每個階段是一個變動的過程，沒有一定的順序。在開始建立覺察力的時候，我們幾乎很少直接從一個階段接續到下一個階段，而是隨著狀況和處境從一個階段退回到上一個或上上一個階段。就好像溜滑梯與爬樓梯的桌遊，我們好不容易透過練習和努力爬上梯子，但是當面對的新適應挑戰無預警地啟動我們的隱藏冰山時，我們又從溜滑梯上快速滑了下來。我們一次又一次地經歷相同的過程，不過就算我們一路下滑，也不必從頭開始，因為每一次開始攀爬新梯子時，我們都能爬得更快。

生理與認知上的介入調整

在做出反應之前的暫停，是刻意冷靜的重要步驟，而在暫停期間所做的事亦同等重要。首先，我們可以利用一些阻絕身體壓力反應的技巧，等到處於生理平靜的狀態之後，再進行重構。即使面對再複雜的挑戰，只要透過這樣的循環就能從保護的狀態轉至學習。

生理上的介入技巧

這些快速簡單的介入方法能幫助暫時平靜下來，以便選擇最好的反應方式。而對自己的狀態有所覺察之後，就能愈來愈快地中斷壓力反應，直到身體在我們進行重構並選擇最佳反應之前，不再有機會回應為止。在我們還沒辦法做到這一點，或找當無法避免的情況讓我們措手不及時，可以利用以下的一或兩種技巧來抑制壓力反應，讓身體做好進入學習狀態的準備。

一、專注於呼氣

我們都知道深呼吸可以讓人平靜下來，但實際上降低身體壓力的是呼氣。吸氣時間長於呼氣時間的深呼吸能增加心率，引發壓力狀態。有些運動員會在比賽前利用這個技巧來增加爆發力。呼氣時間長於吸氣時間的深呼吸會降低心率和身體的壓力狀態。

史丹佛大學神經科學家安德魯・赫伯曼（Andrew Huberman）建議利用「口呼鼻吸」的方式快速鎮定神經系統。先用鼻子快速吸氣兩次（吸氣、暫停、再吸氣），然後從嘴巴慢慢呼氣。連續做兩到三次，就能在壓力出現時快速讓身體鎮定下來。

二、放大視野

在保護狀態中，我們的視野變得狹隘，而為了保有安全感，也會專注於熟悉和令自己感到舒適的事物，也因此對視野之外的新訊息和新的可能視而不見。放大視野並打開周邊視覺，可以讓我們看見整個面貌並平息生理的壓力反應。

請先雙眼直視前方，然後坐在椅子上，這樣就可以看到整個空間，然後專注於看得更寬、更遠，盡可能看向最左邊和最右邊。赫伯曼建議每天花兩到三分鐘練習放大視野，用以保持平靜。你也可以在壓力大的時候，嘗試用這個方法冷靜下來。

三、動動身體

在處於壓力之下時，我們的身體會做好攻擊或逃跑的準備。與其壓抑這股衝動，不如透過動動身體來釋放壓力，就算只是快走五到十分鐘也很有幫助。赫伯曼的解釋是這麼做時，身體會認為我們已經採取行動來解決問題，所以會釋放多巴胺以資獎勵。此外，我們的雙眼在走動時會自然地從一側移到另一側，眼觀周遭的全景。這兩件事都能幫助我們在壓力下冷靜和理性地思考。

四、保持平靜的語調

平靜地說話，能為你自己和周遭的人營造祥和的氛圍。有很多方法可以使你的聲音更「平靜」，例如：說話慢一點、在字句之間多停頓、音量小一點、甚至音調稍微壓低一點。即使周圍沒有其他人，用平靜的語調大聲說話也能讓我們有平靜的效果。其他像是唱歌、發出低沉的嗡聲、重複吟誦或是清喉嚨的發聲，也都能降低身體的壓力。如同美國哲學家、歷史學家暨心理學家威廉・詹姆士（William James）所說：「我快樂的時候不唱歌，但我唱歌的時候很快樂。」

五、深呼吸

緩慢的深呼吸能讓更多的氧氣進入血液中、放鬆肌肉、降低心率和血壓，這些都能使身體平靜下來。深呼吸還能幫助我們發出自然、平靜和低音頻的聲音。我們在壓力之下通常會開始用胸腔來呼吸，但在這種時候最好練習用腹部來呼吸。如果可以結合前面提到的專注於呼氣的方法，那就更理想了。

重構的技巧

我們組織狀況的方式，對選擇的範圍有極大的限制或擴展上的影響。當被情緒所驅使時，我們通常不覺自己如何框架當前的狀況，但相信自己是以客觀的角度看待事物。事實當然並非如此。如果能夠先按下暫停鍵，並介入調整身體的壓力反應，就能幫助我們覺察自己是如何在腦海中框架當下的狀況，並在需要的時候以不同的觀點來檢視這個狀況。以下是一些簡單的重構技巧，這些技巧能幫助我們以開放的態度進入學習狀態。

一、視挑戰為機會

在保護的狀態下，我們傾向以負面的方式框架事物，並把挑戰或意外當作問題。僅僅將某些事情視為問題，即已限制了我們如何回應的選擇範圍。有些事在客觀上的確是問題，但有很多可以視為機會。只要進行簡單的重構，就能有強大的力量，開啟一連串全新的可能。

二、先尋求瞭解

我們經常因為預設其他人的想法或感覺而承受壓力，但其實我們能真正瞭解的，只有自己本身的想法。如果能先暫停我們的想法，就可以有開放的空間去嘗試瞭解其他人或與我們交流的人，明白我們認為的「真實」不一定和其他人相同，因為他們有各自的處境及隱藏冰山，因此會以某種特定的方式行事，他們的想法和感受可能與我們自己或我們預設得非常不一樣。

但只要簡單地詢問更多相關訊息，就可以增進彼此的共同理解。這麼做可以幫助我們冷靜下來，敞心接受不同的現實面，防止冰山相互重擊，造成不必要的摩擦。

三、保持好奇心

詢問關於自己或其他人的問題，能讓我們放慢速度、反思，並連結大腦中的執行功能部位；還能阻止我們以同樣的方式作出反應，迫使我們看到新的可能。倘若一個領導者將自己視為具備正確答案的專家，而不是充滿好奇及必須提問好問題的學習者，就無法做出適應應與調整。唯有放下專家的身分，才能在不確定的狀況下保持彈性，以新嶄新並富有成效的方式收集訊息。

以下是幾個開放式問題的例子：

- 還有哪些可能性是我們沒看到的？
- 我們還應該考慮哪些問題？

- 我（我們）可以向誰求助？
- 現在最需要關注的重要事情是什麼？

四、與「為什麼」連結

當我們感受到強烈、甚至是負面的情緒時，通常是因為這些情緒的背後是一種對某件事或狀況的深切關注。如果不是關心某些事物，就不會對其產生這麼多的情緒。在承受巨大壓力時，如果能問自己：「為什麼這對我如此重要？」會有很大的幫助。這個問題能帶領我們回到初衷，提醒我們自己的目的，並與更深層的意義產生連結，讓我們能夠告訴自己發生的事和為什麼發生的另一個面向。

五、暫停

許多人都有必須立即回應的壓力，但是在壓力或情緒下所做的反應通常不會帶來最好的結果。與其避而不談或故意不採取必要的行動，不如決定「暫時」按兵不動。就像有句話說的：「不做也是一種作為。」不過，有些情況確實需要採取立即行動，但很多情況並不需要。當我們覺得需要介入並控制局勢時，可以問自己以下這三個問題，來幫助我們決定什麼樣的回應方式最好：

1. 這是絕對需要說或做的嗎？

這個問題能將注意力從我們想做的立即回應移開，轉而依情況所需來重構。

2. 這是需要由我來說或做的嗎？

花點時間從策略上來檢視整個情況，這也能讓我們擺脫情緒性的回應。有些事情透過不同的人來說或做，能產生不同的效應，甚至造成完全不一樣的結果。所以有些事情或許由其他人來回應會比較好。

3. 現在就需要說或做嗎？

通常等到我們自己或周圍的人都冷靜下來之後再做回應，不但沒有壞處，可能還會是一件好事。

覺察階段五：適應調整——有所覺察，並能夠在當下有效地從「保護」轉為「學習」（雙重覺察的表現）

一段時間之後，西蒙需要暫停、冷靜和重構的狀況愈來愈少，而且在真的需要的時候，也能迅速地完成三步驟的循環。只是西蒙認為發生的頻率比她期望的還要頻繁，所以她開始採用另一種練習方式。她會在每一天的早晨先思考一下當天的事，然後試著找出可能會讓自己面對挑戰的時刻。接著，西蒙就能在平靜的生理狀態下（也就是在覺得受到威脅之前）先進行重構。所以等到那一刻真的來臨時，西蒙已經做好面對挑戰的準備，以她選擇的心態和行為來回應。這麼做就像是在壓力來臨之前就先自行暫停，等到壓力真正降臨時就可以順利繞行而過。這對進入覺察的第五階段有非常大的幫助。

在這個階段中，西蒙已經能夠在不必暫停的狀況下，直接切換至學習狀態。她不僅能覺快速察自己以及當下的情況，也能做出有效的回應。西蒙認為這就像是能毫不遲疑、毫不驚慌、萬無一失地「接住」朝自己射過來的箭，她能在壓力還沒出現之前，就早早覺察自己會變得有壓力，並在身體被壓力引發出反應之前作出回應。

「喔！」當西蒙的團隊向她報告壞消息時，她想：「我可以感覺到情緒開始高漲，心跳加快。我必須記住這與我無關，也和我是否是一個優秀的領導者無關，這是關乎團隊的事，計畫偏離是很正常的，他們必須一同負起責任。」

再經過一段時間後，西蒙已經不需要進行重構，她對領導者身分認同的新認知，造就了新的心態。她現在能夠以為團隊營造一個更安全的環境為目標，並以共同承擔挫折與挑戰的方式行事。她的反應不再是感到失望沮喪，或把所有的責任都堆在自己身上，而是進入一種建設性的問題解決模式，同時對整個團隊負責。在實際運用這樣的新思維幾次之後，西蒙在她的冰山嵌入了另一道軌跡，而這一次的慣性養成對她未來面臨適應性挑戰時，將有莫大的助益。

西蒙有些時候還是會順著以往的軌跡走，當她發現喬納森的團隊趕不上期限卻又沒事先告知的時候，她就需要花點時間深呼吸，提醒自己想要如何展現一個領導者的樣子。西蒙會對自己說：「因為我曾經有過不好的反應，所以他們不一定會把每一件事情都告訴我，我最好不要再那麼做。」西蒙向喬納森和他的團隊詢問發生的事時，會設法讓自己保持冷靜，不過無法在期限內把工作完成會讓公司陷入真正的難題，甚至可能造成嚴重的後果。

過去當這樣的事情發生時，西蒙會責怪自己。但是現在她可以清楚看見即使自己竭力喬納森幫助成長和發展，但他的才能可能更適合另一個職位。換掉喬納森讓西蒙很為難，有一部分的她仍覺得像個失敗者，因為她沒把喬納森引領到適切的地方。但是西蒙知道情況的事實面，覺察到她對這個情況的感受和想法從何而來，所以她能夠做出對團隊和公司服務的客戶都最好的決定。

倘若西蒙對自己的冰山模式毫無覺察，就絕不可能做出換掉喬納森這樣的重大決定。喬納森離開之後，西蒙領導的兩個部門在協同合作上有了立即的改善，開會時也不再像過去那樣充滿負面情緒。他們還是會遇到挑戰，新產品也尚未做最終的確定或進入銷售端，但是團隊的狀況比之前好得多，也似乎都有信心最後能夠戰勝挑戰。

西蒙將愈來愈多的技巧融入日常生活，並持續雙重覺察的練習。當她收到接替喬納森的新夥伴麗莎的回饋時，更覺得一切都很值得。自從麗莎加入這個團隊並開始熟悉這份工作後，她告訴西蒙自己非常欣賞這樣的方式。「謝謝妳督促我。」麗莎在兩人單獨的會議討論結束後，對西蒙說：「我的前任老闆提出質疑時，會讓我覺得自己是個失敗者，但是妳讓我覺得妳是真心的。」

西蒙微笑地說：「謝謝妳，麗莎。」然後帶著這次戰勝挑戰的小小勝利回到工作崗位上。

找出你的覺察階段

在一天結束之前，若能反思這一天當中切換至保護狀態的時刻，就能幫助你開始瞭解自己目前的覺察階段。在之後的章節中，尤其是「四週計畫」的部分，將繼續幫助大家提升覺察力，並希望在經歷覺察的五個階段之後，你能經常性地進行雙重覺察的練習，愈來愈少進入保護狀態。請在一天結束之前，問自己以下這些問題：

- 你今天經歷了幾次備感壓力或觸發時刻？
- 平均來說，你覺得自己在這些時刻中處於覺察的哪一個階段？

1. 一無所覺（未覺察內在狀態或外部環境）
2. 後知後覺（在事情發生之後才察覺）
3. 略有所感（有所覺察，但無法在當下做出有效回應）
4. 迅速回應（有所覺察，能在短暫的停頓後作出回應）
5. 適應調整（有所覺察，並能夠在當下有效地從「保護」轉為「學習」—雙重覺察的表現）

- 今天的哪一個時刻最讓你感到壓力？
- 你認為這個壓力是什麼造成的？是某人說的話？你的想法？某個聲音？還是你看見的什麼？
- 這個讓你最感到壓力的時刻，大概是在今天的什麼時間發生的？
- 在這個壓力最大的時刻中，你認為自己處於覺察的哪一個階段？（請參考問題2）
- 你在那一刻有什麼想法？
- 你在那一刻經歷了什麼樣的情緒感受？
- 你在那一刻有什麼身體上的感覺？
- 你對那個狀況的整體反應是什麼？是朝著目標前進還是遠離目標？

第三部分

刻意冷靜的練習

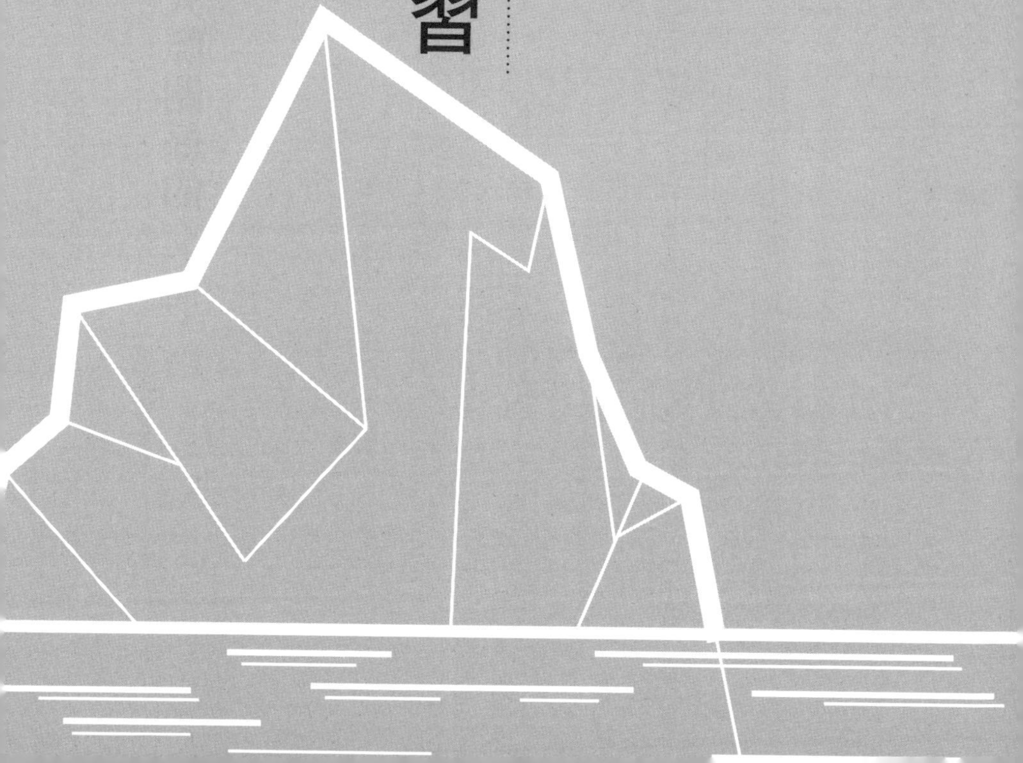

第八章 相互撞擊的冰山：人際關係的交流

緊握拳頭的手無法和別人握手。
——英迪拉．甘地（Indira Gandhi）

「這不只是一家供應商的問題。」在公司負責經銷物流的主管拉塔說：「這是更嚴重的系統問題。」

團隊領導人喬凡娜嘆了一口氣，發現自己又一次被自己的團隊惹毛了，尤其是拉塔，她似乎忘了一件事——這個計畫是由喬凡娜而不是拉塔來領導。

「我同意。」喬凡娜提高音量回答：「但如同我剛才提到了，我希望至少能先解決一個問題，這樣才能有一些進展。這家供應商似乎是我們最大的問題來源，就從這裡開始吧！」

「似乎是最大的問題來源，但真的是這樣嗎？」拉塔提出質疑，她習慣於宏觀大局，而不是這種小問題。拉塔繼續說：「假如根本的問題在於如何選擇更廣泛的合作夥伴，那麼只是針對其中一個供應商並不能真正地解決問題。」

「實際上，它是我們最好的供應商之一。」採購主管馬克也提出聲援。

這時的喬凡娜感覺自己已經被逼到了牆角，她說：「你們是用什麼來證明這一點？」

馬克回答：「他們可以滿足我們需要的所有規格，每次都準時出貨，而且成本最低。」

「若是考慮後端的品質問題，價格最低不表示總成本也最低。」產品控管主任羅伯特提出。

產品製造主管查德搖了搖頭，說：「拉塔是對的。光是『似乎』還不夠精確，我們需要看到數據。」

會議室在這一瞬間凝結成一片靜默，喬凡娜氣炸了。如果她的團隊連該討論什麼或是問題在哪裡都無法達成共識，怎麼可能找出解決的方法？

喬凡娜、拉塔、馬克、查德和羅伯特是一家企業對企業的全球科技公司的各領域領導人，這家公司專為大型製造商生產工業電子產品，出產最先進的感測器（sensor）

和連接設備，為預測性維護到AI人工智慧驅動的運作優化提供服務，讓最優越的製造設備能夠順利運作。因此他們收取的費用很高，而且直到最近，客戶都很樂意為更好的產品多花一些錢。

隨著客戶的需求開始超出公司所能提供的，他們只能透過增加產量和提高價格來回應，同時繼續追求快速成長。然而，這樣的作法導致許多不良品的產生。還有許多客戶無法按時收到貨品，而那些收到貨品的客戶則抱怨產品的品質不佳。所以公司現在面臨了客戶的投訴、業務流失，甚至可能打訴訟官司。

因此，公司的執行委員會請負責大客戶的商業部門副總經理喬凡娜，來領導一個跨部門小組，為公司的供應鏈和產品的品質問題提出解決方案。經過了幾次的會議之後，這個小組非但進展極微，拉塔和喬凡娜之間還產生了很大的嫌隙，看起來好像無法再在一起解決任何問題。一位成功的領導者通常在面對挑戰時，會展現出毅力、韌性以及樂觀，但喬凡娜開始感到灰心和沮喪，不管她怎麼做似乎都無法有任何的進展。

「大家！」喬凡娜大聲疾呼：「這些我們已經全部都討論過了！這是一場危機，但我們到現在依然零進展，我們一直在繞圈圈地瞎忙，你們的積極度在哪裡？我們必須從某個地方開始，直接面對品質問題的供應商似乎是一個很好的起點。既然大家沒辦法達成共識，那就由身為團隊領導人的我來決定。我們就從這家供應商開始，找出問題，然後加以解決。」

馬克突然迅速起身走出會議室，他說：「抱歉，我剛剛看了會議時間已經超過了，我還有另外一個會議要開，我得先走了。」

其他人也魚貫走出會議室，只留下喬凡娜一個人，她覺得自己好像吃了敗仗。喬凡娜不明白自己的領導力為什麼在她最需要的時候，突然不再奏效。除了毫無進展之外，拉塔一直讓喬凡娜有種被動攻擊的感覺，動不動就帶來負面思考，老是扯會腿，喬凡娜想不通為什麼。拉塔以往都很善於合作，但對喬凡娜來說卻恰恰相反。

喬凡娜思考著是否該向執行委員會提出更換拉塔的請求，但又擔心這麼做會為自己的領導能力留下瑕疵，甚至危及她在公司的未來發展。她同時也清楚，如果這個團隊不能解決問題，對她的影響即使不是更壞，但也夠糟了。喬凡娜深陷進退兩難的處境，覺得不知所措。

沒有無往不利這種事

直到現在，喬凡娜所領導的團隊都有高績效的優異表現，她的領導方式果斷，而且以行動為導向。她會先明確地找出需要解決的問題，讓每個人都明白需要聚焦的目標，並一起動起來。接著，她會羅列一系列的任務，並針對團隊成員分派工作，設立清楚的具體目標，好讓每個人確切知道主管對工作的期待。喬凡娜一向以設立高標準著稱，同時也以能激勵和授權夥伴達成她設立的目標為大家所稱道。

但這一次，喬凡娜之前立功的領導方式卻行不通，甚至連找出問題的第一步都過不了。但是這次的問題本身就不單純，不但涉及多個層面，而且既複雜又模糊不清，但最大的問題還是在於很多都不在喬凡娜的知識和專業領域之中。

遺憾的是喬凡娜並未覺察到自己遭逢適應性的挑戰，需要新的回應方式。喬凡娜正處於一個風險極高的陌生領域，但她卻用以往一貫的領導風格來應對，所以重點不在於她的工作做得不夠好，而是這個特定情況需要採取完全不同的策略。正如我們從適應性悖論中得知，當我們試圖解決一個複雜且風險很高的適應性挑戰，而過去的慣用方法卻不管用時，我們通常會驚慌失措地採用那些同樣無效的解決方式。

喬凡娜的團隊承受著巨大的壓力，他們需要解決的問題極其複雜，而且還不停的變動。由於團隊之中沒有任何一個人處理過類似的問題，所以大家不懂的事情很多，因此更放大了整體的不確定性。在面對這樣的心理壓力和外在壓力，尤其又是在高度不確定性與複雜的情況下，大腦中用來創新和創造以解決問題的部分會傾向於退居第二線，讓身體的壓力反應打頭陣。這樣的狀況會形成一個「循環」，亦即雖然當下的問題需要全新的回應方式，但是因為我們的壓力愈大，就愈可能以無效的思考與行為模式來作回應。而當問題繼續存在時，我們就會承受更大的壓力，也就更加被動並缺乏創造力。

喬凡娜現在面臨的問題不僅只是自身的適應力、她的隱藏冰山以及或入保護狀態時的行為，她的冰山和拉塔的冰山也以兩人未曾察覺的方式相互撞擊在一起，以至於更促使了她們在保護狀態下的行為反應。若想要解決當前的挑戰，整個團隊需要運用每個人的技能、創造力和資源，需要進入一個良性的循環，相互傾聽並協力合作。也就是說，為了共同努力解決他們的適應性挑戰，團隊裡的每一個人，無論是在個人還是相互關係的層面上，都需要轉換到學習狀態。反之，如果還是繼續做同樣的事，結果必然一樣令人沮喪。

喬凡娜的團隊已經進入共同合作的第二個星期，依然一籌莫展。他們雖然很努力，但卻沒有找出可以合作、溝通或有效工作的新方法，彼此還是各自為政，還是用同樣的老方法來做事，即使每個人都知道這些方法經過時了。

團隊裡的每一個人都是擁有成功紀錄的高績效表現員工，他們無法理解為什麼這個團隊這麼快就分崩離析。由於溝通不順暢，所以彼此都不清楚各自的背景，而且因為之前都不曾有過類似的經驗，所以都認為問題都出在別人的身上，並開始暗自指責其他人阻礙了進展。

會議上的衝突和缺乏效益，讓喬凡娜愈來愈灰心失望，除了帶領這個團隊之外，她還必須負責努力挽留一些大客戶，這些客戶一直暗示他們可能會終止合作合約轉而投入競爭對手的懷抱。

又過了幾個星期之後，喬凡娜的團隊依舊坐困愁城，最後她只得向法蘭克求助。法蘭克是公司的執行長兼營運與供應鏈的全球負責人。喬凡娜先避開了拉塔的問題，她說：「我認為我們應該重組這個團隊。他們是懂很多，但我們就像一盤散沙，無法一起工作。」

法蘭克沉思了一晌，說：「我們親自挑選出這些人，是因為他們具備我們需要的技能和經驗。」他告訴喬凡娜：「讓我聯繫公司的組織效率小組，看看他們是否可以提供一些建立團隊方面的協助，好讓這個計畫趕快上軌道。」

「等等，你說什麼？」喬凡娜突然感到慌亂，畢竟他們已經浪費了很多時間，根本沒有多餘的時間進行什麼團隊凝聚力或默契之類的活動。不過法蘭克保證，這和喬凡娜想的不一樣。

他告訴喬凡娜：「來自組織效率小組的團隊動力專家只會旁聽你的會議，然後提供一些建議，看看是否能幫助你脫離現在的僵局。」對於團隊如何往前邁進幾近絕望和無力的喬凡娜別無選擇，只能接受這個建議。

在下一次的會議時，來自組織效率小組的伊莉莎白也一起坐在會議室中。團隊成員討論了很多議題，但依舊原地踏步，無法達成任何的共識，團員之間的緊繃氣氛顯而易見。當會議討論急遽演變成毫無建設性的爭論時，伊莉莎白要求發言。她說：「我知道現在的時間有限，但是如果你願意聽我說，我建議大家先離開這個悶熱的房間，活動一下身體。我們可以邊走邊繼續討論，就當作是休息。」

那是個陽光燦爛的日子，伊莉莎白領著團隊前往附近的公園，然後請大家兩人兩人一組，互相討論自己對成功的信念，以及認為自己該怎麼做才能讓團隊取得成功。伊莉莎白和喬凡娜一起搭擋。之後當大家回到辦公室時，伊莉莎白請大家分享彼此的討論與對話。

「我必須盡可能以最低成本，取得需要的所有原料。」馬克簡單明瞭地說。

「我需要建立長期的前瞻性計劃，這樣我們才能在預算控制下按時交付產品到客戶端，並成為他們可靠的夥伴。」查德說。

拉塔接著發言，她說：「我們需要按時運送材料和產品，不能缺貨，但同時要控制庫存量和週轉金。有了前瞻性的計畫、可靠的營運和更好的供應商，就能準時交貨。」

「我要做的是杜絕瑕疵品。」羅伯特說：「有了更充裕的預算和更穩定的工作品質流程，就可以大幅度減少可變因素，達到零瑕疵的目標，我只需要讓其他人一起配合，把品質放在第一位。」

「對我來說很簡單。」喬凡娜說：「為了成功，我們需要增加銷量並配合客戶的需求，這樣他們才會保持忠誠度，公司就能持續成長，而我需要領導這個團隊來解決阻礙實現這個目標的問題。倘若我們都能做好自己的工作，溝通得更順暢，就不會這麼難。」

伊莉莎白點點頭。「這些都是你們過去的成功模式。」她對大家說：「聽起來在過去應該也有很好的成效，但是和這次面臨的挑戰有什麼不一樣的地方嗎？這次的狀況有哪些地方超出了你們剛才描述的範圍？」

「嗯……市場的可預測性確實比較低。」查德說：「或許我們需要討論出計畫生變時的備案。」

「而且基於目前經銷系統的限制，有時候也不只是成本的問題。」馬克承認道。

拉塔沉默了一陣子，接著開口：「那麼準時交貨、盡可能壓低成本和庫存，可能不是目前最需要重視的項目。」

「即使沒有我需要的全部預算，我猜我還是必須更關注目前的品質危機。」羅伯特補充道。

喬凡娜想了想，說：「也許這個問題比我願意承認的還要難，每個人只做自己分內的工作是不夠的。」她終於坦承：「每個人分別各司其職真的行不通，我以為如果大家都能按照我指派的工作來做事，最後就可以整合起來，然後找出問題的癥結。但是我現在認為大家需要跳脫工作上的正式角色，以更宏觀的團隊角度來解決問題，我們都需要調整各自的成功模式，以一種還不是很確定的方式進行適應協調，這絕對是一個新的領域。」

伊莉莎白藉由喬凡娜說的這些話，引導團隊覺察到自己目前正處於適應區。他們也開始瞭解到因為大家對目前的問題一直沒有明確的答案，所以更傾向於在以往熟悉區的成功模式上打轉，而那時的市場比較可以預測。雖然團隊成員在此之前的工作都很困難，隨時都處於壓力爆表的狀態，卻也都努力工作並具備成功的技能。然而現在他們處於適應區，需要一個完全不一樣的執行策略與方法。

「這讓我想起馬歇爾．葛史密斯（Marshall Goldsmith）在《UP學：所有經理人相見恨晚的一本書》這本書裡，我最喜歡的一句話。」伊莉莎白說：「**現在我們可以放**

下讓你來到這裡的東西，然後弄清楚該怎麼讓你去到需要去的地方。」

利用衝突來激發學習

我們通常認為衝突是負面或有害的，對許多人而言，衝突讓我們產生威脅感，使我們進入保護的狀態。但這不一定就是全部的情況。衝突就如同壓力，可以是負面或是正面，取決於我們如何解讀和處理。如果處理得當，能以開放的心態而非批判、防備或責難，衝突事實上也可能是學習的主要催化劑。

畢竟當兩個人看待事物的方式完全相同時，我們無法從彼此身上真正學到些什麼。但是假使兩個人意見不一致，卻能公開分享彼此的不同想法與觀點時，就能學到新東西，並從更寬廣的角度看事情。這能幫助我們適應與成長，也能幫助彼此一起解決複雜的挑戰。但這只有在我們能夠避免感到受威脅，並在保持開放的學習狀態下，才能產生如此的結果。

另一方面，當兩個人都在保護狀態時，我們外顯的行為是出自於自我保護。這就像兩個「封閉」的個體，只交談不交流，只想表達個人的觀點。這麼做不僅沒有效果，還會導致每個人更陷入保護狀態。由於某件事情對彼此的風險都很高，因此讓我們經常遭受對方的保護狀態行為的威脅，以至於更強化了彼此的這些行為。倘若真的發生這樣的情況，我們不但要覺察自己的冰山，更要試著幫助與我們發生衝突的人覺察到他們的冰山。

這不是一件容易的事，不過練習雙重覺察可以幫助我們做到這一點。如果能跳脫自我，從高處鳥瞰自己的全貌，留意和我們發生衝突的人是否處於保護狀態，以及他們的保護行為如何影響我們，就能擁有改變的能力。

想要幫助別人脫離保護狀態，我們必須先讓自己進入學習的狀態。我們可以透過放慢腳步、保持聲音的平靜等等，來展現我們的冷靜態度，然後以問問題的方式來促進學習或專注於共同的目標。這麼做的目的是讓兩個人都能以平靜的狀態共處，而不是在彼此都進入保護狀態後，以情緒化的行為回應另一個人的情緒，反造成火上加油的局面。

如果缺乏雙重覺察，我們的情緒就很容易在保護狀態下被激起，然後批判、責怪其他人，並開始對他們有負面的看法，然後根據這些負面的看法來看待對方的一言一行。而其中最具殺傷力也最難以覺察的認知偏見之一就是驗證偏誤（confirmation bias）——傾向於尋找、蒐集並解讀能支持自己認知假設的訊息。尤其是當我們處於保護狀態時，這個現象更為明顯。當我們以自己的觀點來尋求證據證明自己是對的時候，當然不會出現任何的牴觸，也很容易就能找到想要的證據。

這也和我們之前討論過的基本歸因謬誤有關，它導致我們根據險而可見的行為來批判別人，卻用當下情況和意圖來為自己辯護。如果我們受先入為主的觀念所影響，在不瞭解別人的意圖或狀況下評斷對方的行為時，也會反過來影響到我們自己的行為。因為我們會自以為自己的認知是對的，並開始根據這個認知來做出回應的行為。然後對方看我們這樣做，可能也證實了他們對我們的看法……這一切都在彼此不理解對方的意圖或狀況下發生。這也變成了一個惡性循環，導致幾乎沒有任何相互學習或協同合作的空間。

有趣的是，這些驗證偏誤背後有一些生物學上的影響因素。當我們先前的想法得到應證實，大腦會透過多巴胺的釋放來獎勵我們，並建立神經網路的連結，將這個想法固植在大腦中。所以幫我們確認自己是對的時，會產生很好的感覺。腦神經科學家羅伯特・波頓（Robert Burton）在他的著作《人，為什麼會自我感覺良好？：大腦神經科學的理性與感性》中解釋：「一旦固植了之後，連結到因正確產生的感覺就不容易被改變或消除」，這是因為「即使知道這個想法是錯誤的，但還是會產生正確的感覺」。

這些生理上的觸發，合理化了我們的認知。研究顯示，具強烈從屬關係的人（例如隸屬於某黨派的選民）會透過前額葉皮層的作用，過濾掉與先前建立的信念不一致的訊息，或忽略其中的不一致性。由於這個信念之前已經得到大腦的「驗證」，所以大腦會自動釋放多巴胺作為獎勵。

在保護狀態下，永遠不要以自己的行為來做自我批判。因為這需要覺察、意願和刻意努力來擺脫腦神經的既定連結，以開放的心態接受新的想法。對自己和其他人保有同理心，是這個過程當中必要的部分。

除了個人的偏見之外，另外一個阻礙我們從衝突中學習的絆腳石，是溝通時缺乏明確的要求、認可、批評、回饋，和最重要的學習對話。「要求」可以是一種對未來的簡單請求，例如：下一次請準時出席會議。這個要求可以和之前發生過或沒發生過的事情完全無關。「認可」是慶祝我們認為做得好的事，例如：「做得好」或「太棒了」。「批評」則是對我們認為做得不好的事情提出告誡，例如：「那真是一場糟糕的簡報。」

認可和批評並未提供任何的回饋，這兩種溝通的形式都無法創造有意義的學習。真正的回饋可以透過兩種方式來創造真正的學習機會。一是具體的評估性回饋，明確描述一個目標或標準，並以某人的行為或表現和該標準進行詳細地比較，再評估是否達到或未達到此目標。發展性回饋則是不加以批判地描述一種行為或行動，然後表達該行為的影響。原則上，這是一種以「我」為出發點的陳述方式，例如：以「當你遲到時，我感覺不受尊重」取代「當你遲到時，你的行為表現出不尊重」。而接下來的發展性回饋則會針對未來提供具體的建議，以擴大前述行為的正面影響或縮減負面的影響。

處於熟悉區時，通常要求、認可、批評和回饋，就足以進行有效的溝通。但是當我們進入了適應區，這些方式還不足以應付適應性挑戰的需求，特別是大家必須一起協力合作，但卻缺乏明確的方法，而且風險又高的時候。因此，我們需要進行「學習對話」，讓兩座冰山在其中產生「建設性」的對撞。這樣的衝突形式不但具創造性，還能產生效益，而且經常能夠撞擊出獨特的想法和創新。

當彼此的冰山都在保護狀態下對撞時，很難進行學習對話。不過我們可以透過各種策略來中斷或修復這個狀況，從而改善溝通方式、建立信任感，並增進共同的理解。即使不同意，也能以開放的心態接受對方的意見，同時以客觀的角度探查對方的隱藏冰山，如以一來，衝突就不再是一種威脅，我們也就可以在學習狀態下，從兩座不同冰山的撞擊所激發出的創造性中，獲取正面的效應。

隱藏冰山的深入探索

在引導團隊進行覺察的那個星期，伊莉莎白邀請大家共進晚餐，希望能藉此培養彼此的信任感和維繫團隊情感。她稱這次的晚宴為「故事的起源晚餐」。團隊成員認為伊莉莎白上一次的介入帶領很有幫助，因此也很好奇接下來還會有什麼不一樣的事。儘管他們對公司交付的挑戰尚未有任何進展，但至少大家已經開始看出以個人過於狹隘的眼界在孤島上各自努力，可能會是一種阻礙，所以每個人都帶著開放的心態參加晚宴。

大家都到齊了之後，伊莉莎白先說明這次的晚宴可能和大家之前的經驗不太相同。她先邀請團隊成員用以三個部分組成的故事來重新介紹自己，第一個部分是關於他們來自哪裡，可以從父母或祖父母輩開始，以及他們對個人的影響。第二個部分是關於人生中影響他們的性格養成，並形塑之後成為一個人或一位領導者的經歷。可以是跟第一個部分相關，也可以是完全不同的事。第三個部分則是關於自己的其中一個特質，這個特質如何強化或是削減了個人的領導力，以及這個特質和第一個部分或第二個部分有什麼樣的關聯。

拉塔出乎大家意外地第一個發言。她先談到了自己的母親，拉塔的母親是一位藝術家，也是一位難民。在拉塔的成長過程裡，家中總是充滿情緒化的衝突，常常讓年紀還小的她感到害怕。雖然在記憶中還是有很多有趣的事和深厚的感情，但由於父母在她十二歲時離婚，所以也有些不安定感。拉塔因此學會了謹慎管理自己的情緒，通常不太隨意表現自己的情緒，而是盡量壓抑著。

在故事的第二個部分，拉塔分享了童年時離婚前的父母帶她去印度旅行的經歷。拉塔的父母都是心靈追求者，每年都會帶家人一起到修道院。這個和拉塔一家在康乃狄克州所過的生活截然不同的體驗，對她如何看待自己以及這個世界產生了深刻的影響。修道院也是一個充滿情感、信仰、表達和反思的場所。

最後，拉塔在第三部分談到了自己的特質。她仍然經常進行冥想，很少讓情緒影響她的判斷，通常傾向於深思熟慮，對事情善於反思、好奇，而且懂得提升自己的視野，用不同的角度看待問題和機會，這些通常會成為工作上的助力。她也是一個會以大局思考、懂得制定策略的人，這個特質套用在複雜的供應鏈圈時特別有用。拉塔能在情緒性的場合中保持冷靜、具備策略思考，並能整合不同想法和觀點的能力對她有很大幫助。

不過，有人有時會覺得拉塔過於冷漠，無法與之建立更深厚的關係，或者認為她缺乏情感上的同情心和同理心。雖然傾向關注大局很好，但在日常的互動上可能就會讓人感到僅止於公事上的交流。拉塔也承認，這些特質有時候反而成了自己在建立人際關係時的阻礙。

我們在稍早曾提到能幫助人們瞭解與自己和與他人關係的「周哈里窗」，當團隊成員圍著桌子分享個人故事時，所做的正是擴大開放我（別人知道我們也知道）的象限區域，同時不僅縮小隱藏我（別人不知道但我們自己知道）的象限區域，也縮小了盲目我（別人知道但自己卻不知道）的象限區域。換句話說，這樣的方式不但能對彼此的行為及其緣由有更深入的瞭解，也能更深入探索自己的隱藏冰山。而且沒有人在此時被迫將自己的性格形成經歷和領導人特質做連結，或者界定這些特質是一個弱點或強項。

如果能夠加深彼此的共同理解，彼此的關係自然能有正面的效應，不會再互相指責和蒐尋用來證明自己偏頗觀點的證據，而是開始更全面性地將彼此視為完整、複雜，並具多面向的人，而這個人在特定情況下的行為，可能比我們表面上所見的還要複雜得多。當我們能夠安心分享個更人深層的想法或感覺時，通常也就能夠產生更多的相互理解、信任、同理心和親密感。

推論階梯

克利斯・艾吉里斯（Chris Argyris）是組織發展與組織學習的傑出思維領導力專

家，也撰寫了大量關於行動科學的文章，這是一種將有用的知識和見解應用在實際行動上的一種科學方法，不但能針對結果進行改善，更有助於推動進一步的學習和認知。艾吉里斯多年來和同事——包括唐納德．舒恩（Donald Schon）和羅伯特．普特南（Robert Putnam）發表了幾項重要的方法，透過健康正面的對話和學習導向的協同合作，幫助團隊和組織建立行動學習。

艾吉里斯藉由梯子的比喻（他稱為推論階梯，ladder of inference）來形容每個人如何以不同的方式解讀訊息和交流互動，而每一個階梯則代表我們和其他人交流時所採取的行動。從某些方面來看，推論階梯恰巧和冰山理論相反，愈接近底部代表我們愈接近客觀角度的事實與真相，如果向上爬得愈高，則愈轉向個人的選擇、行為和行動，也就愈遠離了客觀的事實。

愈往階梯而上，也就意味著在客觀的真相裡加諸個人的解讀與意義，這當然會導致我們只專注於某部分的訊息，並過濾掉其他的，然後解讀（或錯誤解讀）那些訊息，並根據我們的方向、目的和偏見，從中得出不同的結論。而隨著階梯愈往上，我們的立場、信念、偏好和選擇也會愈來愈偏離客觀，也因此可能導致嚴重的人際衝突。但當我們瞭解彼此的推論階梯的每一階背後的因素時，就能打斷持續的拾階而上，轉而往下更接近客觀的真相。這也有助於從保護的狀態轉向學習，讓真正的對話和理解更為可行，才能找出新的可能、選擇和看待事物的方式。

在這個階梯的最底部是所有可能的訊息和事實，也就是客觀的現實面——無論是現在、過去或可能的未來，未加以解讀或添加其他意義的現實本身。階梯往上走的第一階是我們實際的原始「觀察」，亦即我們經由這個世界可以看到的訊息，包含即使我們沒有注意到，選擇忽略，或是忘記的部分。這些通常不是我們記得的，大多數人只會記得對自己有意義的事，而不是在我們創造出意義之前的原始事實。

就像在述說個人故事的晚宴之後，喬凡娜和拉塔的相處稍微改善了，不過喬凡娜還是常常覺得拉塔故意扯後腿，對她不夠尊重。喬凡娜主動邀請拉塔一起喝杯咖啡，她在第二天早上九點就準時出現，但是拉塔遲至九點十二分才到。拉塔來遲的時候，喬凡娜對她說：「我在想妳到底會不會出現，還差一點就走了。」

「我當然會出現。」拉塔說：「我說了會來就會到。」這句話一說完，拉塔迅速轉移話題。這次的會面不是很有收穫，部分原因是喬凡娜還在為了拉塔的遲到耿耿於懷。喬凡娜之後向伊莉莎白提到這件事，她覺得拉塔一定不覺得她們的咖啡之約很重要，況且拉塔遲到了十二分鐘連聲對不起也沒有，或許她也認為她們兩人之間的關係沒那麼重要。

伊莉莎白接著幫助喬凡娜理解她的推論階梯。在階梯的底層是拉塔在九點十二分出現，這是客觀的事實。然而拉塔遲到了十二分鐘是一種評估，不是事實。因為「遲到」這兩個字是基於一種解讀和假設，意即他們本來應該在九點整見面，遲一分鐘都不行。此外，喬凡娜也假設拉塔知道自己遲到卻不在乎，然後自己斷定她沒道歉是因為不覺得這次的約會或喬凡娜並不重要。但是在階梯最底層唯一客觀的事實，唯有喬凡娜在八點五十九分到，而拉塔在九點十二分出現。

接著來到階梯的第二層——「選擇的訊息」。如同我們先前所提到，這個世界上五花八門的訊息太多了，我們無法在腦海中接收或記住所有的事。這第二層階梯是我們注意到及選擇的訊息，因此排除了無法接觸、沒注意到，或（有意或無意中）選擇忽略的。每一個人基於自己的心態、先入為主的觀念和信念，通常都會比其他人更關注某些訊息，這也是導致我們會特別找證據來證明的驗證偏誤。

當拉塔和喬凡娜約見面時，拉塔說：「我們星期三早上大約九點左右見吧！」喬凡娜選擇記住了「九」卻沒選擇其他的字句，像是「大約」和「左右」，這兩個字句是拉塔特別加註的，代表那個時間是大概約略的。

階梯的第三層，是我們針對選擇訊息所賦予的「解讀」。在喬凡娜選擇了拉塔所說的「九」之後，拉塔卻在九點十二分才到，因此喬凡娜認定的解讀就是拉塔遲到了。

階梯的第四層，是「假設」。是我們從原始觀察中選擇出特定訊息，然後進行解讀之後，所做出的假設。這個詳細描述的過程，即是我們對所發生事情的解讀。就像喬凡娜不但解讀出拉塔遲到了，也解讀出拉塔非常清楚自己遲到了還不願意承認或道歉，所以代表她一點也不在乎。喬凡娜還假設人們有義務準時出現，特別是參加重要會議，不準時就是不專業且通常也是不尊重的表現。

階梯的第五層，是根據前面四層所得出的「結論」。喬凡娜不確定拉塔是沒禮貌還是不專業，但是她得出的結論是拉塔不在乎自己遲到，因為她不珍惜兩個人的這份關係。

階梯的第六層，是根據我們的解讀和結論所採取的立場和「信念」。而喬凡娜基於和拉塔相約的經驗及她的結論，還有其他一些解讀和觀察所得到的結論，認為拉塔並不尊重自己，這就是為什麼拉塔一直在扯自己的後腿，挑釁喬凡娜的權威，並影響整個團隊的原因。現在，喬凡娜相信自己必須贏得拉塔的尊重並（或）樹立起權威，才能成為一位具有效能的團隊領導者，也讓拉塔重新「歸隊」。另外一個選擇就是讓拉塔從團隊中除名，否則喬凡娜就無法成功。

這些結論和信念將很快出現在喬凡娜的選擇、行為和行動中（也就是冰山的最頂層）。而喬凡娜這些可觀察到的行為，也將會成為拉塔用來解讀並從中得出結論的訊息，當然在這之前也會經過她自己的過濾和假設。接著，拉塔的行為也會反映出她的訊息選擇、解讀，以及她自己的結論和信念，這一切又都會成為喬凡娜接收的訊息。就這樣來來回回的循環，而這一切都可以從約喝咖啡遲到了十二分鐘這樣的小事開始！仔細想想，這樣的情況在職場或個人生活裡的每一個層面似乎經常發生，而如果我們能夠增進彼此的共同理解，就能避免多少不必要的衝突！

這種類型的衝突，就如同無法製造出學習的冰山相互撞擊的結果。當隱藏在冰山底下的心態驅使著我們沿著推論階梯拾級而上時，我們關注的訊息、製造的意義、賦予的解讀、做出的假設以及得出的結論，都源自於我們自己的心態，並導引出通常有助於強化個人信念和立場的行動。

而當我們除了自己的實際行為之外，其他的部分（無論是自己還是其他人）都不為所知時，問題就會產生。想要解決衝突並建立更深入的瞭解，最有效的方法是透過推論階梯分析出每個人所做的各種結論、信念、解讀和觀察，然後才能夠更全面性地發現自己對於造成這個狀況所做的事。

提問與提議

想要深入瞭解另一個人的冰山的方法之一，是建立學習對話，這個對話結合了正向的提問與提議，或者是我們的立場與提出的問題。若是在保護狀態下，我們會傾向於將衝突視為想要贏得的對戰，不想讓「對手」有任何的可攻擊彈藥，無論這個對手是同事、家人還是隊友。這使得我們隱藏了自己的真正想法和感受，避免流露出真正的想法和感覺，排除掉任何覺得有風險的事，以至於讓我們的立場和結論背後的原因變得不夠清楚透明。

另一方面，當我們能夠誠實清楚地表達自己的信念，以及即將採取的行動和「原因」時，提議就能夠創造出學習的機會。這麼做也有助於理解衝突不一定是威脅，而是可以成為學習、甚至創新的源頭。當每個人都能說明自己的信念、立場、選擇，以及採取的行動背後的「原因」時，我們就能沿著推論階梯而下，清楚觀察到那些形成我們的觀點、態度、假設、意義以及解讀之後，得到結論的行為。如此一來，即使彼此仍未達成共識，但我們都能展露各自隱藏的冰山，得到更好的理解，並引領我們用不同的角度看待事情。想要讓倡議收到成效的領導者，會清楚表達他們的意見和主張，當他們深入解釋這些主張背後的原因時，也會真實且毫無保留地袒露自己的隱藏冰山與推論階梯。

與學習對話同等重要的，是有效提問——提出好奇、非批判性的問題，用以幫助釐清另一個人的觀點、選擇和行動。而藉由一連串的追問和開放式問題的有效提問，能幫助對方走下推論階梯，讓我們能夠更清楚他背後的緣由與「原因」。

聽起來好像很容易，但是當另一個人表達了我們強烈反對的觀點時，我們很難暫時將批判丟在一邊，忍住想要爭論、批評、攻擊對方的邏輯，或是捍衛自己的立場，心平氣和地問問題或傾聽，尤其還是在保護的狀態之下。然而提出開放式問題，是將我們和與之進行對話的人切換至學習狀態的好方法。我們也可以在任何時候切換回提議模式，並重申我們的出發點。如果我們真的仔細聆聽但依然無法同意另一人的意見，那麼我們的立場就不該也不需要受到對方的影響，但重要的是必須清楚知道什麼時候該從向對方提問，轉而在不否定對方的情形下，表達自己的想法與觀點。

拉塔和喬凡娜能夠透過清楚表達各自的一些信念，並在學習而不是保護狀態下一起探索，以修復兩人之間的關係。喬凡娜先分享她認為拉塔不尊重自己，還一直從中作梗，破壞她身為團隊領導人的努力。拉塔則分享她認為應該由具有供應鏈經驗的人來領導這個團隊，而不是由業務出身的喬凡娜來擔任。拉塔認為這也是喬凡娜在尚未真正瞭解問題之前，就貿然採取行動的緣故。

雖然透過這樣的討論之後，喬凡娜和拉塔還是並未完全同意某些特別的行為是否「正確」，但是至少他們都能更加理解各自背後的「原因」。喬凡娜瞭解了拉塔覺得善於團隊合作的人非常關鍵，也對喬凡娜個人和一般的領導抱持著尊敬的態度。拉塔還認為自己和喬凡娜之間的關係很重要，即使她仍然認為這個團隊應該由熟悉供應鏈的人來領導。

喬凡娜也瞭解到某些特定的互動（包括拉塔在兩人相約喝咖啡的時候「遲到」），其實都是誤解，不代表拉塔不尊重或是覺得自己不重要。雖然喬凡娜還是認為拉塔的一些行為確實對她產生不好的影響，但她現在明白那並不是拉塔的本意。

另一方面，拉塔發現喬凡娜在上一個工作中其實也有一些供應鏈方面的接觸經驗，而喬凡娜立即行動的傾向，則是一種領導風格和急迫性所逼，因為她認為應該盡快有一些進展來留住客戶，而喬凡娜事實上也覺得整個團隊需要更深入瞭解這個問題的複雜性和根本的肇因。在聽到喬凡娜近期和客戶之間的討論之後，拉塔開始能夠接受喬凡娜覺得必須想辦法讓事情有些進展的觀點，因為即使只是粗淺的改變，都可能成為維繫客戶關係的關鍵。

藉由這些方法，喬凡娜和拉塔能在衝突中維持學習的狀態，使得兩座相互撞擊的冰山得以激發出更多的成效，她們也在其中解鎖了許多人際關係上的盲點。現在，為了完全解決面對的適應性問題，喬凡娜和拉塔必須找出一個方法，讓這種學習擴展到整個團隊。

從衝突到學習

行動科學的練習能幫助大家瞭解自己和衝突方的推論階梯，同時也顯現出自己和另一個人在想法或感受上的主要差異，以及你的行為可能會被另一個人如何解讀。

首先，請想想自己最近和另一個人發生的衝突，然後在一張白紙上畫出三個欄位框。在第一個欄位盡可能客觀地，準確寫下你和對方實際說的話及所做的事。你不可能記住每一字一句，只要盡力就好。接著，在你所做的事和所說的話旁邊的第二個欄位，寫下當時沒有說出口的想法和感受。在填寫第三個欄位之前，請先看看另一個人在第一個欄位說的話或做的事，然後試著從對方的角度和立場思考，當他或她說這些話或做這些事時，是不是有什麼想法和感受沒說出口？並寫在第三個欄位中。

現在，請再次看看這三個欄位，你能看出自己的想法和感受與實際說出口的和所做的事並不一致嗎？對方會如何解讀這些話和你做的事？如果當初的你將沒說出口的感受和想法付諸行動，對方的想法或感受會有什麼不一樣嗎？倘若你能用不同的角度看事情，不加上個人的假設、意義或信念，你的職場和個人關係又會有什麼不同？

為了更近一步地自我覺察，請沿著推論階梯一階一階往上，瞭解自己在這場衝突中的每一層階梯上，為什麼會有那樣的想法和感受。而愈能理解自己的推論階梯，就愈能有效地利用提議來建立學習對話。

第九章　刻意冷靜的團隊

我們都在同一個無法脫離的相互關係之中，是一個命運共同體，只要直接影響到其中一個人，就會間接影響到我們所有人。

——馬丁．路德．金

「馬克，他們現在要求我們自己去倉庫裡拿需要的組件，如果我們想要快點拿到的話。」一臉沮喪的查德難以置信地說：「如果他們沒辦法把貨交給我們，為什麼我們要選擇這個供應商？」

馬克轉過身，低頭看他的筆電。「你的團隊指定的東西都在合約裡，」馬克沒好氣地回答：「我又不會讀心術，如果你有什麼特別需求，就應該寫進合約裡。」

查德告訴馬克：「把東西送到製造工廠是標準程序，如果原料沒送到，我是要怎麼製造生產呢？我覺得好像誰都不能指望，拉塔的預測似乎一直在變動，羅伯特沒有更多數據就什麼也無法告訴我，每一件事都很混亂。」

「嘿！別把我扯進去。」拉塔說：「這家供應商有問題，你沒及時拿到原料，都跟我們的預測無關。」

「大家都別說了。」喬凡娜居中協調地說：「馬克，查德說得對，如果你不知道工廠的需求和他們希望供應商如何交付產品，你應該開口問，不是自己做假設。我們別再互相指責了，該開始努力解決問題才對。」

羅伯特沮喪地嘆了一口氣，說：「但是我們還是不清楚問題出在哪，很抱歉我一直要數據，因為沒有數據我就真的什麼忙也幫不上。我們一直疲於奔命，就像打地鼠遊戲，好不容易解決了一個問題，第二天就會出現另一個新問題。」

喬凡娜看了看手錶，不自覺地擰著雙手。他們幾乎沒剩多少時間了，卻又再一次沒有太大的進展。

在經歷了多次工作合作之後，喬凡娜和拉塔的相處漸入佳境，團隊的溝通大致上也更有效益，信任度也更好，但是在公司供應鏈和產品的品質問題上，仍然無法達成共識並獲得真正的進展。

坐在一旁的伊莉莎白開口了，她說：「今天只剩下幾分鐘了，不知道我們能不能快點切換方式。」她看著喬凡娜，對方點頭表示讚同。伊莉莎白接著說：「我認為退一步並設立一個一致的團隊目標會很有幫助，這個目標必須超越你們的個人目標，而且必須讓每個人覺得公平，願意全心投入。」

「我以為我們的目標是解決公司的問題。」拉塔說：「是要確保客戶在我們同意的時間點拿到產品，而且沒有品質上的疑慮。」

「完全正確。」伊莉莎白回答：「但是我們要怎麼知道問題都以我們滿意的方式順利解決了呢？對這個團隊、這個組織、對我們的客戶和業務合作夥伴而言，真正的成功會是什麼樣子？我指的是沒有任何問題的完全成功。」

團隊的成員陷入沉思。「我們會有足夠的產品，業績就會成長。」查德率先開口。「我們的銷售承諾和製造量必須保持一致，我們需要生產賣出的產品，也得賣出生產的所有產品。」拉塔補充說道。

伊莉莎白點點頭，然後開始寫在白板上。「還有什麼？」她問。

「我們必須保持高品質的供應鏈，這樣製造出來的產品才能夠保持零缺陷。」羅伯特說。

「要讓我們的客戶對產品感到滿意，真正感受到我們提供的產品的確比競爭對手的還要好。」喬凡娜補充說。

「我們要和值得信賴的供應商建立穩定的關係，成為真正的夥伴，才有信心維持長期的高品質產品，而且價格也要合理。」馬克說。

「流程也必須透明化。」羅伯特指出：「這樣我們才能更快地發現並解決問題和偏誤，最好是能在客戶受到影響之前就能解決這些問題。」

「還有一件事。」拉塔說：「我認為我們應該建立一個高效能且具有足夠靈活度的作業流程，以便在供應鏈出現問題或中斷時，還是能夠製造出產品送到客戶手上。」

「這些建議都好極了！」伊莉莎白說：「我可以說如果只是達到其中幾項，但有幾項失敗了，那就是不夠好，對嗎？我們都想要達成真正的成功，所以也必須包括你們所說的這幾項，是嗎？」

團隊中的每一個人紛紛點頭表示同意。

「是的，這對我們整個團隊的目標來說，是一個很棒的總結。」喬凡娜提出疑問：「把這些寫下來是很清楚，但這些不都是我們已經知道的嗎？」

經過短暫的沉默之後，馬克說：「老實說我不是很確定，我一直都把焦點放在盡可能把價格壓低，然後認為其他的問題是其他人的責任。而經過剛剛的討論，確實讓我開始用不同的角度來思考我的工作，以及我們需要共同解決的問題。像是尋找能真正跟我們配合的可靠廠商，還有建立更具彈性的生產流程，好讓問題更容易解決。

我發現自己在這些方面都可以幫得上忙，但我從來沒想過這些其實都在我的工作範圍內。」

在團隊中工作時，我們通常不會花時間來達成這樣的共識，因為目標似乎很明顯——解決每個團隊成員面臨的緊迫問題。但是當我們面對的是適應區的挑戰時，僅僅只是解決個別的問題還不夠，而是需要更進一步重新定義個人、團隊和組織層面上的成功意義。

共同致力於更大的目標能為團隊帶來相互依存的共體感和使命感，並在我們將焦點從凸顯個人的工作成果轉移到更宏觀的整體最佳化的時候，幫助團隊達到不同層次的共同協作。複雜的問題需要團隊的每一位成員一起用新的方式共同應對、學習，從中發現新的解決方法，然後實現共同的目標。然而，當我們需要以新的方式共同合作來解決複雜的問題時，團隊成員往往陷於一種自我強化的保護狀態，使得他們無法適應，也阻礙了團隊的前進。

刻意冷靜與學習型團隊

我們已經知道為什麼在面對適應性挑戰時能夠進入學習狀態的重要性，但是真正的學習和成長不會憑空而降。而個人學習或是在團體中的個別學習，都不足以應付適應區的挑戰。當前的世界需要的是協同學習，好讓團隊和整個組織能快速適應並獲得成功。也就是說，想要解決適應性的挑戰，團隊需要以整體為單位來切換至學習狀態。意思是我們需要融解與融合的，不僅只是一、兩座單獨的冰山，而是許多個人的冰山，除此之外，還包括通常沒被察覺或發現的團隊冰山。團隊的冰山不但會影響團隊的整體文化，也會影響團隊在各方面的互動及協作。

我們詢問了許多資深團隊的結果發現，他們平均有百分之六十到七十的時間在保護狀態，如果面對的是高風險的適應區挑戰，比例還會更高。由此可知，當團隊極度需要解決組織所面臨的棘手問題時，通常都在某種保護狀態之下進行！這個結果應該不意外，畢竟每件事情的表面下都隱藏著許多我們看不到的一切，況且我們人類天生就會在不確定感增高時尋求保護。

在保護狀態下，我們停止傾聽，也不再真正的溝通，我們的智慧也跟著降到最低點。因為在保護狀態下，我們的大腦無法發揮全方位思考的實力。而隨著面臨的挑戰愈來愈重要，我們在智慧、創意和創新的能力下降也會愈來愈明顯與擴大。令人納悶的是，我們面臨的問題愈重要、風險愈高，就愈無法進行創造性的協作，整個團隊也就愈可能進入保護的狀態，讓我們因此愈無法解決當前的挑戰。

我們現在正面臨團隊的「適應性悖論」，亦即**挑戰愈複雜，愈需要團隊的集體經驗、技能、智慧和創意，但團隊在這時候卻愈缺乏這些能力。**也因此學習如何讓整個團隊進入學習狀態，就更顯重要。當我們能夠以團隊為單位一起進入學習狀態時，就能夠讓集體的腦力產生加乘作用，產生極大化的創新與改變。

如同個人在適應區中保持學習狀態的重要性，團隊一同進入學習狀態也同樣重要。隨著全球從職權式團隊架構轉變為多元化團隊架構後，團隊的組成與如何合作對組織的整體學習和表現就變得愈加舉足輕重。團隊在許多方面變得更加跨領域和多元，無論是在專業領域、能力、信念、教育背景、語言、地區性和種族文化等等。雖然團隊成員必須一起面對複雜的挑戰並處理大量的訊息，但他們甚至通常不在同一個地點工作。

這樣的多元性可以是學習的珍貴資源，但前提是必須處理得當。雖然同質性高的團隊會比多元化團隊的摩擦來得少，但是觀點會比較接近，團隊之間的熟悉感會讓大家有安全感，但也會比較缺乏創意或創新，容易達成共識，無論是態度或情緒上都比較能達到協調。然而在這樣的狀況下，容易讓團隊一致認同的成功方式凍結成了冰山，導致團隊的工作模式和協作缺乏彈性與變化。

就像個人一樣，團隊的冰山能為熟悉區提供絕佳的運作，就像一台保養得宜又運轉良好的機器，甚至能解決具挑戰性甚至高風險，但還算常見的問題。但是當團隊處於適應區並需要學習新事物才能解決問題時，一個擁有一致觀點和行之有效的辦事方法的團隊，不再是一種珍貴的資源。

在一個比較多元化的團隊中，成員們或許沒有來自擁有共同觀感的安全感，當面對不同態度和觀點時也更容易進入保護狀態，但是當我們能夠認同並接受彼此的不同與多元化，就能讓整個團隊進入學習狀態，願意聆聽每個人的意見與想法，就能讓那些可能阻礙我們前進或激發出新想法的假設和共同認知顯露出來。這在某種程度上就像是團隊的每個成員在面對挑戰時，揭露了各自的隱藏冰山，讓我們不但能瞭解彼此的想法，也能理解他們為什麼會這麼想。

最成功的組織不僅擁有多元化的團隊，也懂得如何利用成員豐富的多樣化來進行創新並解決最棘手的適應性挑戰。這就是「學習型團隊」的意義所在，它強化了個人與集體的應變能力和適應力。當我們懷著好奇心和真正的合作精神在學習型團隊中一起工作時，團隊的整體成果會變得比個人的部分更重要。

學習型團隊的基石——心理安全感

當美國領導力、團隊與管理學教授艾美．艾德蒙森（Amy Edmondson）還是博士生時，便已針對醫療保健團隊進行研究，試圖瞭解和預測團隊的表現。她根據各個團隊回報的大小錯誤次數來衡量團隊的「錯誤率」，並假設錯誤率較高的團隊會有比較差的病患醫療結果，但卻驚訝地發現事實正好相反，錯誤率較高的團隊反而有「比較好」的病患醫療結果。

艾德蒙森發現所有的團隊都曾經犯錯，但唯有能承認錯誤並最終能從錯誤中學習的團隊，才會相對地有更佳的病患醫療結果。而無從發現、回報、討論，並從錯誤中學習的團隊，和前述團隊相比的長期表現則較差。

那麼是在什麼樣的狀況之下，才讓某些團隊能夠發現自己的錯誤並從中吸取教訓，而另一些團隊卻做不到呢？「心理安全感」是艾德蒙森所推動的專有名詞，用來形容團隊是人際關係風險的安全場域的共同信念。心理安全是團隊適應性與創新表現的前兆，當我們能夠自在地尋求幫助、在不拘泥於輩份或職之下分享建議，或者挑戰現狀而不必擔心負面後果時，我們的團隊才更有可能很快創新，享有多元化的優勢，並對改變適應良好。

為了取得成功，處於適應區的協作團隊首先需要一個具心理安全感的團隊氛圍。Google在二〇一二年啟動了「亞里斯多德計畫」（Project Aristotle），研究內部的數百個團隊，用來瞭解為什麼某些團隊比其他團隊的成功次數更多的致勝因素。他們發現團隊表現的首要預測因素，正是心理安全感。

「安全」是其中的關鍵詞。一個缺乏心理安全感的團隊成員，會覺得自己若是犯了錯可能受到指責或羞辱，若是跟大家的意見不一致或承認失敗也可能會有風險。這種威脅感當然會導致我們進入保護狀態，並恢復反應性行為。然而在一個心理安全的環境中，我們知道如果犯了錯並坦誠相告，無論是個人和人際關係仍然安全無虞。這樣的安全感讓我們即使在壓力下，還是能在個人或團體的層面上切換至學習狀態。

在這個學習狀態之下，我們得以和失敗建立新關係。我們當然不想犯錯或失敗，也必須負起責任並找出解決的方法。不過當我們在變動與不確定的環境中試圖創新時，是需要學習並完全掌握新技能，因此錯誤和失誤其實難以避免。事實上，如果我們在適應區中完全沒遭遇到困難，那可能是設立的標準不夠高，又或者是因為我們一開始就尚未完全接受自己正處於適應區。當我們大膽地追尋遠大的目標時，在抵達終點前本來就幾乎會伴隨著失敗和相關的適應挑戰。踏出適應區（舒適圈）是一種自然的本能，若是能在心理安全感下吸取失敗的教訓，我們就可以在變動的環境中持續地適應和改進。

大多數人之所以能夠達到目前的成就，是因為我們擅長「單環圈學習」（single loop learning），意即透過已知的方法和策略來解決困難的問題。然而在適應區中的情況需要我們用不同的方法來學習解決問題，如同從目前我們所提到的團體中所見，大家一開始甚至不知道自己需要學習，畢竟我們都不清楚自己不知道什麼。這正是我們最有可能感到非常不自在，並想要將目標恢復到感覺安心與熟悉事物上的時候，於是我們轉換至保護狀態，並以已知（但卻行不通）的方式來應對新狀況。而當這個已知方法愈處處碰壁時，我們就愈努力想要用同樣無效的方式來擺平。

這麼做應該是最糟糕的行動，但我們還是會這麼做。通常是因為我們不想放棄既有的成功模式，或者不想放慢速度來深入檢討自己失敗的原因，然後藉此學習和適應之後，提昇我們的解決方式、想法和表現。

幸好，還有第二種學習學習型式，稱為「雙環圈學習」（double loop learning）或適應性學習。克里斯·阿吉瑞斯（Chris Argyris）利用恆溫器來說明單環圈和雙環圈的學習模式。一個溫度設在攝氏二十度的恆溫器，會在室內溫度降到攝氏二十度以下時隨時打開暖氣，這是一種單環圈學習。而具雙環圈學習的恆溫器會以效果最好也最省錢的方式來控制室內的溫度，因此會問：「為什麼要設定在攝氏二十度？」

透過雙環圈學習模式，我們會根據經驗修正目標和決策方針，並藉此探索和發現新的方法和解決方式。創造新狀況的唯一方式，就是跨入未知並改變我們的方向，而失敗幾乎確定是這段旅程的一部分。**這表示我們只能在心理安全的環境中，藉由雙環圈學習從經驗（也是從錯誤中）學習，使其成為尋找適應性解決方式過程的一部分。**當我們能夠在不必面臨災難性後果的情況下接受失敗，就能藉由這樣的學習繼續前進。如果我們失敗了，並因此受到懲罰或貶低，我們學到的就會是之後應該避免冒著讓自己顏面盡失或讓別人看輕的風險，只要打安全牌就好，也因此限制了我們學習與成長的潛力。一但我們接受了還有更好的等待著我們去發現，而不是被未知和無法避免的挫折失敗所威脅時，才有可能產生真正的轉變。

如何培養心理安全感

領導者在培養團隊內部的心理安全感上有著關鍵的作用。事實上，領導者的情緒往往會對團隊和組織產生加乘效應。領導者若是缺乏耐心、膽怯、要求絕對服從或是容易沮喪懊惱的話，可能會造成團隊的沉默與退縮，如果團隊面臨的是適應性的挑戰，更會扼殺了尋求新的解決方式所需要的創造力與學習。若是領導者展現出刻意冷靜，樂於互助，能保持沉著、開放、好奇的心態，這個團隊就能更具創造性地面對挑戰。

當一位領導者能夠提供信任、支持和心理安全感時，就可以使團隊成員勇於挑戰，願意投入比最初設想的還要更多的努力與付出。這種具挑戰性的領導模式，是基於對團隊能力的信任，也能強化團隊的表現，繼而引導成員們發揮創造力、認為自己有改變的能力，同時尋求學習與改變，但這一切的前提都必須在具備心理安全感的積極正面、支持鼓勵的團隊氛圍之下才做得到。若是缺乏積極正面的團隊氛圍，具挑戰性的領導模式可能會讓人覺得是一種威脅，使得團隊成員進入保護模式。

領導者可以透過以下的四個步驟，在團隊中培養心理安全感：

修正錯誤

好的方式：

- 承認錯誤的發生。
- 避免在錯誤發生時發洩憤怒情緒。
- 幫助團隊成員改正錯誤。

更好的方式：

- 經常放下心防，和團隊成員分享自己的錯誤。
- 經常提醒團隊成員面對的工作非常複雜，所以應該預期錯誤必然發生。
- 將錯誤重新定義為一段長期過程的必經步驟，能從中得到珍貴的回饋和可用的資訊，也是一個學習的機會。

鼓勵各種意見與想法

好的方式：

- 每一次做出重大決定前，公開詢問：「我們準備好跨出下一步了嗎？」並確保每個人都回答：「準備好了！」
- 在團隊成員分享的時候，避免使用質疑的語氣（例如：避免說：「是沒錯，但是……」或「有很多狀況你不知道」）。

更好的方式：

- 主動避免「向日葵」效應，即每個人都和領導者的觀點靠攏一致。
- 經常提醒團隊成員各自所擁有的力量，因為在這個複雜的世界裡，領導者不會有所有的答案，每個人都有獨特且有用的一部分答案。

- 鼓勵團隊成員分享各自的想法和感受，以及心裡的信念或假設。
- 以無偏見、無威脅的方式邀請成員的參與（例如：我們有沒有可能忽略了什麼？我們是不是遺漏了什麼盲點？）並保留足夠的時間讓大家發言。
- 建立正式的團隊規範，鼓勵意見、想法的分享（例如：召開「魔鬼辯護人」會議，故意唱反調來對計劃和想法進行壓力測試）。
- 以問問題來打破沉默，而不是一味評論。
- 解釋為什麼有些意見或觀點沒有被納入最終決議的原因，公開與團隊分享討論狀況與決策過程。

重視每一項貢獻

好的方式：

- 主動並經常表揚團隊成員的傑出工作表現。
- 在團隊成員勇於說出自己的想法並表現超出預期地出色時，向他們說聲「謝謝」。

更好的方式：

- 讓肯定成為團隊的共通語言和行為準則。
- 特別感謝那些提出不安或棘手問題的人，對解決問題和激發團隊動力有貢獻的成員，給予相同的肯定。
- 具體說明慶祝的行動或事件，及其對你的影響。
- 肯定成員們在會議中提出的意見（例如：誠如卡拉所說的……）。

帶領團隊成員相互協助與支持

好的方式：

- 增進同儕間的互相鼓勵（例如：設定一個每天花兩分鐘寫下感謝信的團隊規範）。
- 提醒團隊成員每個人都有責任提升團隊經驗。

更好的方式：

- 建立鼓勵團隊成員發表意見的規範。
- 引導團隊成員間的相互扶持（例如：要求團隊成員提出有深度的問題，用以真正理解對方想要帶入討論的是什麼）。
- 針對心理安全幹的部分，像團隊成員提供回饋與指導。

提高團隊意識

如果一個團隊正陷於一或多種特定的陌生領域，並在適應區下尋求解決的新方法，那麼除了具備基礎的心理安全感之外，也可以進行雙重覺察的練習，用以促進有效協作並進入學習狀態。這需要整個團隊和個人都能覺察到外部環境發生的事情，及其如何影響個人的內在與對團體造成的改變。

終止保護狀態的骨牌效應

當團隊進行下一次的會議時，大家驚訝地發現伊莉莎白在白板上填寫了一張表格。表格上有每一個成員的姓名、職場角色、對於領導力和成功所抱持的心態，以及他們在「故事分享晚宴」上討論到的個人特質。但其中有兩欄是空白的，標題寫著：「觸發因素」和「情緒／保護行為」。

大家都坐下之後，伊莉莎白告訴整個團隊：「在進入今天的議程之前，我想先進行一個我稱之為『骨牌效應』的遊戲。」她說：「我們已經討論過在保護狀態下可能會發生的事，但是你知道是什麼導致你進入保護狀態嗎？」

大多數人都不是很清楚促使我們進入保護狀態的觸發因素是什麼，這個觸發因素可能是一件事情、一個人、某人說的話，或被大腦在有意識或無意識下解讀或預測為威脅的任何事物。覺察這些觸發因素和我們通常在保護狀態下的反應，是一件難能可貴的事。而在團隊中瞭解哪些觸發因素會造團隊成員進入保護狀態以及他們會如何反應，都具同等的重要性，因為如此才能相對調整自己的個人行為，也就能夠打破惡性循環。

在團隊當中可能出現一種拉扯的狀況，那就是其中的成員可能一下子進入保護狀態、一下子又跳脫出來，所以他或她表現出來的行為也可能促使其他人在兩個不同狀態下進進出出。我們很少關注自己或團隊所處的狀態，即使是在我們需要作出關鍵決定的時候。然而如果整個團隊都能在學習的狀態下，就能更有效率地做決定，也能更加遵守約定的承諾。假使團隊中的其中一個人在學習狀態下，但另一個人在保護狀態，那麼在保護狀態下的這個人就不會以開放的態度聆聽我們想要表達的意見。在這樣的狀況下，只有自我覺察是不夠的，所以除了個人的自我覺察，還需要整個團隊跳脫自我，以更高遠客觀的角度觀察整個團隊，注意是否有任何人是在保護狀態下，然後才能採取行動協助這些人進行轉變。

伊莉莎白詢問有誰能夠說出自己的其中一個觸發點。查德首先開口：「每次有人明明出席會議，但卻不參與討論或看似漫不經心時，就會把我給惹毛。」他繼續補充說：「尤其當他們明顯沒在聽或低頭看手機，讓我覺得很不尊重人，好像其他人的時間和意見都不重要一樣。」

「很好。」伊莉莎白在寫了查德姓名旁邊的「觸發因素」欄位底下，寫了「漫不經心」四個字。她接著說：「如果有人似乎漫不經心或忽略你時，你通常會怎麼做？」

查德笑了笑，說：「我知道這麼做肯定不會太好，但是我會很生氣，然後通常會愈講愈大聲，故意大聲說來引起對方的注意，好像這樣就能強迫對方聽我在說什麼。」

伊莉莎白一邊點頭一邊在白板記錄下來。「還有誰要說說看？」

「如果有人問我不懂的事情時，我會特別沮喪。」羅伯特說：「我覺得好像暴露了自己的無知，然後覺得自己應該要有答案才對。我的行為會變得很有戒心，還會反擊，反過來挑釁問我問題的人。」

「哇！對我來說防備心會是一個觸發因素。」拉塔說：「如果有人將自己的利益看得比團隊利益還重要，會讓我感到憤怒和灰心。每當有人明顯表現出保護自己的私領域或相關人等時，我會認為他們只會關心自己，根本就缺乏團隊的合作精神。」

「那妳會怎麼反應？在這種感覺之下的行為是什麼？」伊莉莎白問。

拉塔嘆了一口氣，說：「我通常會正面對決，直接說出來。但絕對有很多次都因此把場面搞得很僵，因為我開口的時候已經被怒火和沮喪的情緒所影響，肯定是火上加油。」

「大家聽好，我們在保護狀態下的行為並不可恥。」伊莉莎白提醒大家：「我們當然希望能減少這些狀況的發生，也希望自己有能力選擇更恰當的回應方式，但這些都是一種自然反應，也是過程的一部分，也正證明了我們所面臨的情況非常要緊。」

馬克接下來發言，他說：「我直到最近才把這兩件事情連結起來，我會被別人的強烈情緒所觸發，尤其是大吼大叫、搶話、憤怒或攻擊性的舉止。這會讓我覺得很生氣，要麼回擊，要麼就冷眼旁觀，完全不回應。」馬克還說：「如果是我個人私下的事，我通常會變得咄咄逼人，但如果是工作上的，我可能不知道該怎麼回應，乾脆就不理不睬，想辦法保持距離。」

「對不起，馬克，我一定常常激怒你。」喬凡娜說：「我的觸發點是在覺得自己的觀點不被重視或被駁回的時候。只要我開始覺得自己沒辦法對人或事產生影響力的時候，就會感到無力感和失控，這讓我很害怕。所以我會試著想要掌控整個局面，結果反而讓人覺得我好戰又得理不饒人。」

「的確如此。」伊莉莎白回頭看著白板說：「在團隊中，個人的保護性行為常常正是另一個人的觸發點。你看，如果有人逼著問羅伯特一個他不知道怎麼回答的困難問題，他就會被觸發。而他在保護狀態下產生戒心的防備反應，又會惹怒拉塔，然後拉塔的保護回應是直接對嗆，但這麼做很可能讓羅伯特反擊挑釁。然後他們兩個人的爭執會觸發喬凡娜，讓她覺得自己無力掌控整個會議的進行，如果局面變得情緒激動，或許馬克也會被觸發。然後喬凡娜為了掌控局勢的保護反應又會觸發馬克。馬克會變得默默不語並不作回應，即使查德到目前為止都保持不錯的狀態，這時候也會被激怒，開始提高音量……就這麼一個接著一個螺旋式的掉入保護狀態。真正需要討論的業務議程這時候似乎也無法進行，因為互相撞擊的冰山已經讓整個討論偏離了正軌，這些都只是因為一個人被觸發所引起的骨牌效應。」

姓名	職務	成功對我而言是……	優點	缺點	觸發點	保護反應
喬凡娜	業務與客戶服務	透過客戶服務，保持客戶的滿意度與忠誠度，讓公司繼續成長。	決心、毅力、韌性、樂觀	固執、過度反應、嘗試掌控	感覺失控、不被聆聽、覺得不受尊重或被忽視	掌控、打斷、下指令、指揮別人該怎麼做
查德	產品製造	施行可預期的長期計劃，以便能夠在預算下準時交貨。	創造性問題的解覺、邏輯分析	有時候過度分析問題卻不採取行動	不聽、不參與	憤怒、大聲説話、挑釁
拉塔	經銷物流	做好時間規劃，確保準時交貨。	宏觀大局、整合、系統思考	聚焦宏觀問題，只有在必要食材進行微互動	不善於團隊合作——容易有戒心、有心機	容易沮喪、直球對決、直言不圓融
馬克	採購和貨源	以最低成本採購所需原料	溝通、影響力、雙贏談判	想要討好每一個人，但如果情勢不對又會責怪其他人	粗魯、蠻橫、高談闊論	生氣、不互動、不交流
羅伯特	品管	更健全的製造流程和機制，降低變數並排除瑕疵品的產生	完美主義、歸納分析、數據分析、根本問題	追求完美、專注於正確性而不是採取行動	不知道答案	驚慌失措、爭論、防備、挑戰提出問題的人

協助彼此進入學習狀態

團隊、家庭和各類團體都會發生類似這樣的骨牌效應。每一個人每天會多次進入保護狀態，我們當然也常常被其他人或自己對別人行為的解讀所觸發，這是人類被制約的一種反應，無需害怕或感到羞恥。正如同保護狀態是成長機會的信號，團隊中的骨牌效應也是一個讓我們有機會深入瞭解和相互學習的信號。

覺察是其中的關鍵。我們唯有知道情況正在發生，才能採取相對應的策略來進行改變。我們可以做的一件事，就是找出幫助團隊成員從保護狀態跳脫到學習狀態的方式。當發現團隊之中有人表現出保護行為時，我們可以藉由要求休息一下讓大家都冷靜下來，或是做出我們知道能夠有所幫助的行為來讓他進入學習狀態。伊莉莎白隨後在白板上增加了一個「有幫助的行為」欄位，引導大家輪流分享自己的想法，說說看哪些行為能幫助他們轉而進入學習的狀態。

當注意到其中一位或多位成員進入保護狀態時，若是在團隊成員一致同意的前提下，也可以溫和地直接指出這一點，我們稱之為「天窗時間」。團隊成員可以簡單地舉手示意，要求天窗時間，暗示大家先深呼吸個幾次、喝口水，再思考一下團隊當下的心態和行為是否對目前的狀況有幫助。

只要由一位團隊成員來擔任觀察員的角色，就能幫助提高團隊的覺察意識。根據心理學家大衛．坎特（David Kantor）的「四種角色互動模式」（Four Player Model），團隊中的成員基本上有以下四個角色：「行動者」（Movers）會對議題內容提出行動或決定的建議；「追隨者」（Followers）支持行動者及其行動；「反對者」（Opposers）抗拒或抵制行動；「旁觀者」（Bystanders）則是不採取任何立場，無論是問題本身還是行動者的決定。

舉例來說，如果喬凡娜提議拉塔一起見面喝杯咖啡，然後拉塔回說：「好啊，我們見個面，但是我不想喝咖啡，不如一起散步好嗎？」那麼拉塔是跟隨著喬凡娜想要見面的行動，但反對他們一起喝咖啡的提議，並提出自己比較想要散步的行動。

每個人都可以在這四種角色之間流暢地轉換，但是團隊經常會陷入特定的模式。例如：有些具強烈特質的團隊可能會陷入行動和反抗的模式，每個團隊成員都往不同的方向去，沒有人跟隨或抵制。

如果團隊中有人能夠扮演積極的旁觀者角色，會對整個團隊最有益。但保持沉默、退縮或不聞不問的旁觀者，就一點幫助也沒有。一個積極的旁觀者會藉由觀察正在發生的事情、提出好奇的問題並指出相關的人際互動和習慣，來提高團隊的覺察，特別是如果旁觀者提出的問題能夠引領團隊進入雙環圈學習。

在目前的團隊當中，伊莉莎白就一直扮演著旁觀者的角色。她對問題本身沒有任何的私人看法，僅僅只是從旁觀察並對流程提出建議。不過，如果團隊裡的每一個人都能在不同的時間點，盡責地扮演每一個不同的角色，我們實際上並不一定需要另一個局外人來做這件事。有時候我們會採取行動，有時候我們說明自己為什麼反對特定的行動，有時候我們對某個行動表示支持並積極地遵循與投入，但在另外一些時候，我們則跳出「風暴圈」，以積極、建設性的觀察者身分俯瞰整個團隊在特定狀況下的情況。

會議前與會議後

為了提高團隊意識，如果能在會議開始前花點時間設立會議目標，並就試圖解決的問題達成共識，以及闡明想要為公司開創的優勢，這對整個會議會非常地有幫助。即使只是短暫地連結團隊目標，就足以激勵我們將挑戰視為正面的壓力，然後幫助我們訂立會議的走向和想要完成的事項，同時公開討論可能會遇到的阻礙。每個團隊成員也可以回答一些問題，包括我們的感受、希望從這次會議中得到什麼？以及是否會有哪些事情阻撓我們的全力以赴。

同樣有幫助的，是以相同的概念在結束前討論會議的進展狀況。我們可以詢問是否還有其他尚未提及的事，或者每個人是否都對我們同意的某件事達成共識。這些問題都能確保整個團隊不會在有任何問題或誤解之下繼續冒進。

整體的力量大於各個部分的總和

伊莉莎白為了幫助團隊在高風險適應區的挑戰下進入學習狀態，提供了大量的資源。由於時間緊迫，團隊成員們也開始盡可能地實際練習這些方法。在會議中，他們專注於觀察團隊的狀態，一感覺有人進入保護狀態時即提醒緊提議天窗時間。起初，這只有在氣氛已經變得非常激烈時才會發生，而且需要比較長的時間才能讓大夥兒冷靜下來。之後大家竟慢慢地比較能夠很快地覺察到，有一次甚至在覺察到其中一個人被觸發時，好幾個人同時搶著舉手，大家都被逗笑了。此時的喬凡娜也竭力為團隊建立心理安全感。慢慢地，她也發現大家的冰山漸漸融化，並以更有效的心態來處理事情。

他們的第一個突破性進展終於在某一次尋常的會議中發生，大家在那次的會議裡正嘗試加強更多的協同合作，但是依然覺得有困難，還是無法解決供應鏈和品管問題。

「我想再確認一次，我們真正需要解決的問題是什麼？」查德提出疑問地說：「我知道自己聽起來好像一直不斷重複某句話的鸚鵡，但是我們一直找不到問題的根源。」

「我們的確像一群學說話的鸚鵡。」羅伯特說：「我贊同查德的說法，也建議除非即刻開始進行品質保證（QA，Quality Assurance）和品質控制（QC，Quality Control）的數據分析和流程確認，不然我們根本沒有實際的資訊和見解來回答剛剛的問題。」

喬凡娜閉口不言，心裡想著得趕緊將會議拉回正軌。喬凡娜注意到拉塔看起來有點不耐煩，所以她停頓了一下，提醒自己光是掌控局部會有什麼作用。喬凡娜在心裡重新將目前的狀況調整為能增進團隊能力的機會。她知道拉塔是一個宏觀大局的思考強手，便問她：「拉塔，妳有什麼看法？」拉塔有點驚訝。「抱歉，我不是故意點名妳。」喬凡娜說：「因為妳看起來有一點沮喪，我想這裡的每個人現在都有這樣的感覺。但我知道妳很善於做客觀的思考，或許可以幫助我們更有策略地把事情想清楚。在沮喪的表層底下，是什麼讓妳覺得困擾？妳可以用一種能幫助我們脫離困境的方式予以說明嗎？」

每個人都安靜了下來，拉塔沉默了半晌，開口說：「嗯……我一開始覺察到自己對羅伯特說的話感到很厭煩，甚至到了很想翻白眼的地步，然後在心裡想著天啊！他又來了，又想趁機多要一點預算。然後我也對自己直接批評和沒用正面的想法看事情感到有點失望。」

「謝謝妳誠實的回答。」喬凡娜嘴裡這麼說，但心裡有點擔心這些話根本無濟於事。她盡最大的努力不評論也不掌控狀況，想看看這些話接下來會產生什麼作用。「那麼，妳現在就試著用正面的想法來做出回應。」

這十五秒對正試著用不熟悉的新方法帶領團隊的喬凡娜來說，簡直就像永遠那麼久。過了大概十五秒的停頓和思考之後，拉塔終於說話了，她說：「查德，你一直說我們沒抓到根本的原因，並需要更多資訊分析，而羅伯特也一直說我們缺乏解決問題所需要的數據和見解。讓我們先假設這些都是真的，然後呢？我知道部分原因是我們沒有花時間在數據分析上，但那只會對未來有幫助。此時此刻的我們沒有了這些資訊，又可以怎麼解決問題？」

喬凡娜的心往下一沉，暗想自己的新策略就要泡湯了，大家「又」回到了原點。喬凡娜急著想要抓住一個團隊可以解決的問題，然後趕快採取行動以便有一些進展，就算不是重大的問題也無妨。然而喬凡娜知道這是自己傾向的反應，而且始終毫無成效，所以她試著做剛剛自己要求拉塔做的事：覺察真正困擾她的到底是什麼。

「大家是不是能把拉塔剛剛所說的話聽進去，思考真正有建設性的事？」喬凡娜原本很擔心得到的答案會是否定的，但是她也提醒自己大不了就是回到死胡同，不仿試試看，說不定真的會有好的結果，至少團隊成員可以看到她努力嘗試不同的領導方式。

大家默默思考喬凡娜的問題和拉塔的挑戰。「我知道我們缺乏需要的資訊，但是真的有這些資訊嗎？」查德問：「我不斷仔細推敲我們有的數據和資訊，但卻不足以從中得到一些線索來解決問題。但除了我們有的這些以外，真的還有我們沒拿到但可以蒐集的資訊嗎？」

馬克跟著加入討論：「我們在上一次會議中達到共識之後，我就一直思考自己可以做哪些事來幫助團隊解決問題，像是和供應商建立值得信任的夥伴關係，但有鑒於我們最近和他們的交惡關係，我想就算他們知道原料品質有問題，也不會主動提供我們所有的資訊。所以，也許我們可以從這裡開始改變。」

喬凡娜突然靈光一閃，說：「聽你這麼說，我也不確定客戶是不是給了我們全部的資訊。」

拉塔補充說：「我們的經銷和物流夥伴可能也有數據可供參考，但我們只會收到損毀和延遲發貨的報告，也從來不曾要求對方給完整的原始數據或他們有的分析資料。」

喬凡娜開始覺得能夠比較自在地提出自己不知道答案的問題，並讓團隊有深入思考的時間。她問：「還有什麼地方可能有我們沒有的資訊，而且是我們可以取得的？」

「我想到一件事。」查德總算開口了，他說：「前幾天我在工廠裡和一位營運主管聊天，雖然沒有確鑿的數據證明，但是他注意到過去幾個月由特定貨櫃進來的組件之後老是出現問題。這個供應商之前的貨品似乎都很正常，他也不知道最近為什麼會這樣，也無法提出確切的證明。但是……如果他是對的呢？除了這個特定問題之外，可能還有很多更重要的資訊都在某些人的腦子裡。如果我們向對的人提出對的問題，就可以獲取這些訊息。我從來沒這樣想過，但這也可以成為一種數據，或許會對我們有幫助。」

討論就這麼持續進行，大家也逐漸瞭解到可能有更多的數據資訊和看法，有待他們去發現和運用。「你們知道嗎？」馬克在會議結束前說：「我們說想要建立更值得信賴的夥伴關係，如果我們邀請供應商成為合作夥伴並提供資訊和數據，然後徵詢他們的意見，一起來解決問題呢？」

喬凡娜似乎很感興趣，她問：「你說的『他們』指的是誰？」

羅伯特興奮了起來，插嘴說：「何不包括所有的人？合作夥伴、原物料供應廠商、客戶都可以。大家應該都想解決所有的問題，對吧？」

會議結束後，團隊成員各自繼續思考這個想法。他們最後決定結合員工、供應商、商業合作夥伴和客戶一起合作，之後還舉行了幾次的協同工作會議，充分探討並發現整體的問題。就在一個月之內，終於找到了問題的根本原因：公司的某一些新產品設計得比較迷你，擁有更多的電子功能，在測量和校準方面更為敏銳和準確。因此這些新產品需要更新、更小型、更靈敏的組件，而目前的組件有些來自舊有的供應商，有些則是由新廠商提供。

為了達到新設計的特定標準，許多廠商不得不改變設計，開啟新的生產線，或是委託供應鏈中的代工廠商來製作。所以這些組件可能在實驗室裡的使用測試上看不出異狀，品檢時也表現優異，但真正上機之後可能很脆弱又容易損壞。這些組件本身的脆弱性再加上運輸路線的拓展，物流夥伴必須配送到更多客戶的手上，為了加快速度確保客戶準時收到商品，物流在處理上可能就不會那小心謹慎。所有的這些加起來，就製造了一場完美的產品故障風暴和相關的連鎖效應，也因此反而掩蓋了根本的源頭事端。

有了這個重要的發現之後，團隊繼續以一體的認知來共同運作。他們放慢了腳步，透過真正地傾聽彼此、以長遠的角度來看事情，並著眼於團隊需要共同處理的事物，而不是試著各自管理各司其職，這也讓這個團體在需要解決的問題上更有共識和行動一致。或許發生在喬凡娜身上的變化最大，她致力於建立團隊的心理安全感，並協助團隊以同為一個整體而不是一群人的團體來進行有效運作，也成長為真正的領導者。

與合作夥伴公開透明地進行協作，需要團隊卸下心防並展現出全新層次的勇氣、謙虛、好奇心、通力合作和相互信任。而持續展現個人和全心一致的高效能學習團隊的雙重覺察與刻意冷靜能力，使他們不但能解決非常棘手的問題，最終也和客戶與業務合作夥伴建立更穩固的關係。

改變團隊的集體冰山

就像個人一樣，團隊通常也會受到潛在心態的限制，使得成員無法有效合作並發揮完全的潛力。想要改變團隊溝通交流和協同合作的方式，必須從轉變根本上的心態開始。

首先，選擇你所屬的團隊，可以是工作上的團隊，也可以是朋友或志工團隊，甚至是家庭中的團隊。接著，反思你在這個團隊裡觀察到可能限制（績效）表現的行為，以及你可以如何創造出改變。請利用以下的問題來進行思考：

- 你觀察到的狀況和挑戰是什麼？
- 造成團隊受限的行為是什麼？導致什麼樣的後果？
- 伴隨著這些行為而來的情緒有哪些？
- 可以選擇的替代行為是什麼？這些替代行為可能帶來什麼樣的結果？
- 哪些情緒會伴隨著這些新行為？
- 哪些心態和信念會限縮了團隊的表現？而這些新行為背後的心態和信念是什麼？
- 什麼樣的心態會對團隊更有幫助並促使期望行為的產生？
- 我可以運用哪些具體的作法來讓改變成真？
- 我可以向團隊提議什麼樣的作法來改進他們的表現？

第四部分

刻意冷靜的型態

第十章 個人的運作模式

如果你的夢想沒讓你感到懼怕，那代表你的夢想還不夠遠大。

——艾倫．強森．瑟利夫（Ellen Johnson Sirleaf）

刻意冷靜的其中一個重要步驟，是刻意營造特定的生活模式，在這種模式之下，無論周遭發生了什麼事，你都能夠繼續安穩地過日子。你的個人運作模式就是那個特定的生活模式，包括你每天選擇如何花時間和精力，如何覺察自己和周圍發生的事，以什麼樣的心態過生活並維持各種關係，以及優先考慮的事情。

我們將在書末的附錄中提供為期四週的計畫，教大家如何開始培養刻意冷靜的能力。在開始之前，需要先養成持續練習的習慣，慢慢建立規律之後就會變得輕鬆容易。可以把它想像成一場馬拉松訓練，在開始進入正式的訓練之前，你需要把生活中的其他事情先安排妥當，保持充足的睡眠和健康的飲食等等。你的個人運作模式就是你的生活安排，而為期四週的計畫就是你的訓練。在變動的世界中進行刻意冷靜，的確是一場馬拉松無疑。

無論有意還是無意，其實每個人都已經有一套個人的運作模式。即便不是刻意的安排，我們還是需要檢視目前的個人運作模式，並確認是否適合自己。花點時間瞭解自己的長處和弱點，思考是否有必要改變生活中的哪些部分或角色，以便在面對適應區挑戰的時候能展現刻意冷靜。

現在所建立的個人運作模式不會永久不變，而是會隨著環境變化、成長與學習、以及因時間及需求的不同所改變。譬如處於高風險適應區時，你的優先事項和如何分配時間及精力這兩件事可能需要改變。其他的生活改變，像是開始一份新工作、結婚或離婚、失去所愛的人、生小孩或是小孩搬離開家、經歷人生的挫折或挑戰或成功，這些往往都會促使我們必須更改個人的運作模式，以滿足不斷變動的人生需求與機會的掌握。

在繁忙與充滿挑戰的環境中，我們很少停下來檢視新狀況的需求，並隨之調整個人的運作模式。然而當環境出現變化但你還是繼續使用之前的運作模式時，就可能出現不協調的問題。我們在這本書中也已經看過這些狀況，由於領導者找不到方向、疲勞疲乏，或在面對新的適應環境時以舊有的方式來回應，導致成效不彰。因此，我們建議大家每個星期重新檢視個人的運作模式，之後再調整為每幾個月或即將遭遇重大的變革之前。不妨將它視為一種隨時可進行調整的工具，而不是一成不變的盲目堅持。畢竟刻意冷靜是外部與內在覺察之下的一種選擇，引領我們在變動的環境中適應和發現新的學習與領導方式。

個人運作模式的四大支柱

瞭解個人的運作模式能幫助我們評估生活中的四大支柱，及其如何幫助你培養雙重覺察和刻意冷靜，這四大支柱包括：覺察、目標、能量和關係。

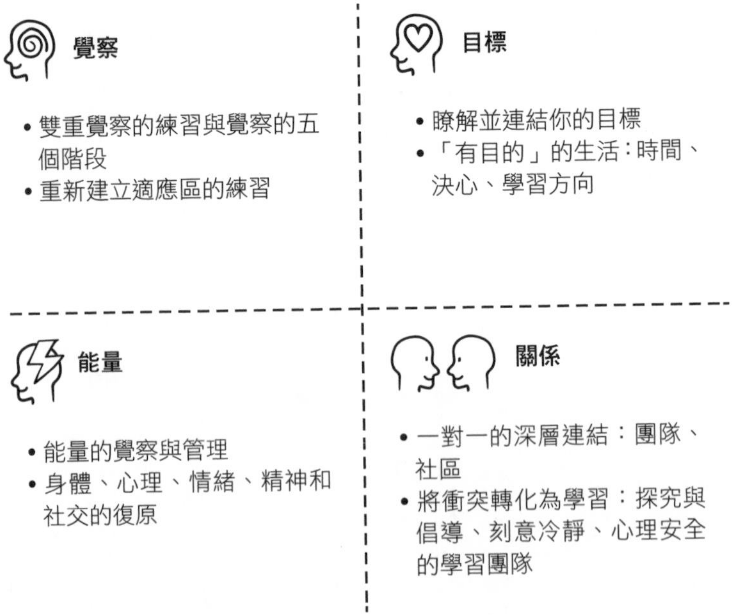
覺察
• 雙重覺察的練習與覺察的五個階段
• 重新建立適應區的練習
目標
• 瞭解並連結你的目標
• 「有目的」的生活：時間、決心、學習方向
能量
• 能量的覺察與管理
• 身體、心理、情緒、精神和社交的復原
關係
• 一對一的深層連結：團隊、社區
• 將衝突轉化為學習：探究與倡導、刻意冷靜、心理安全的學習團隊

圖10-1　個人運作模式

你可以利用圖10-1的個人運作模式進行反思。

覺察

幫助強化雙重覺察的能力，辨識自己處於熟悉區還是適應區？面臨的風險有多高？以及覺察自己的內在狀態，特別是在適應區時。這個支柱同時也讓我們明白自己不會永遠一直都在學習的狀態，也不應該嘗試這麼做。我們需要及時反思、恢復、再創造與展現能力，也需要接受偶爾進入保護狀態是很自然的事。

隨著學習和成長之後，我們的內在對話和心態也愈來愈自

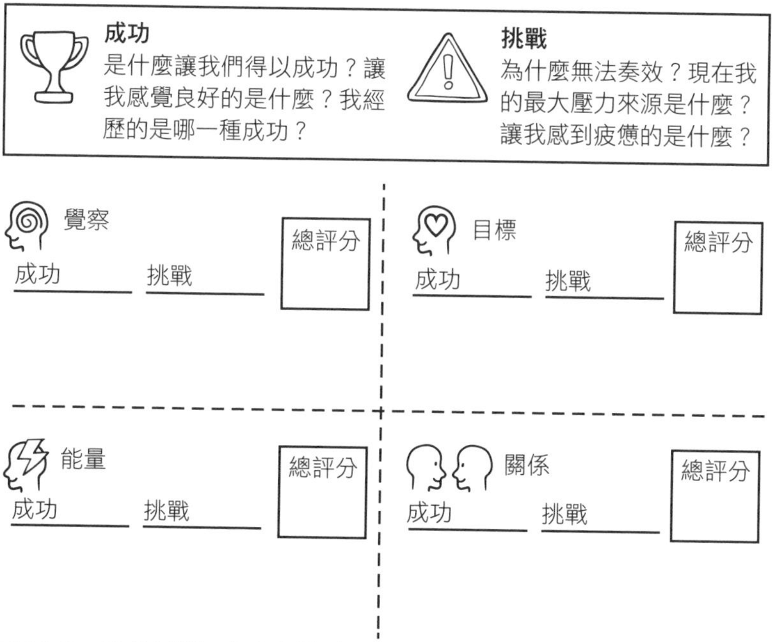

圖10-2 當前狀態：成功與挑戰

在。正如許多靈性和領導力書籍中所言，讓無意識變成有意識，讓無心變成謹慎思考與加以選擇，是我們更接近建立有影響力、目的和成就生活的一大步。我們希望帶領大家努力建立個人運作模式的覺察，因為有了覺察之後不僅能促進其他要項的建立，還能在瞬息萬變和動盪的世界中，帶來一些安心與慰藉。你可以利用以下這幾個問題，來評估自己目前的覺察階段：

- 回想上個星期經歷過的幾個高要求、高風險時刻，當時是什麼樣的情況？你認為那時候是處於熟悉區還是適應區？
- 有什麼利害關係？包括「客觀的」（具體的風險）和感覺上的（像是你承受的壓力）。
- 你的內部狀態是什麼？你當時有什麼想法和感受？你是在學習、保護，還是其它的狀態？（放鬆、隨心所欲、恢復、表現還是執行？）
- 你認為自己當時的內在狀態適合那樣的情況嗎？如果不適合，因此造成了什麼樣的影響？怎麼做會更有幫助？
- 你認為自己在當時的行動過程中，是處於哪一個覺察階段？

階段1：一無所覺──我在事情發生時並沒有覺察到。
階段2：後知後覺──我在事情發生之後才覺察到。
階段3：略有所感──我有所覺察，但無法在當下做出有效的回應。
階段4：迅速回應──我有所覺察，並能在短時間之後作出回應。
階段5：適應調整──我有所覺察，並能夠在當下從「保護」轉為「學習」狀態（雙重覺察的展現）。

- 在上個星期前後，你記得自己曾經在什麼時候經歷以下的內部狀態？

放鬆或享樂
恢復
力求表現
學習
保護
可能邁向危險

- 在學習狀態和保護狀態中，各找出一種自己當時的心態。你可以問自己這些問題：「為什麼我會有這種感覺？又為什麼會做出這樣的行為？」接著重複問三遍。作為提醒，以下是七種保護和學習的心態組合：

定型心態或成長心態
專家心態或好奇心態
被動心態或開創心態
被害者心態或原動力心態
欠缺心態或充裕心態
確定心態或探索心態
維護心態或機會心態

- 你在這個星期的覺察階段和狀態，對你產生了什麼影響？（這一題的答案沒有對或錯，無論你回答什麼都可以。）
- 思考以上的問題之後，你覺得自己在「覺察」這一支柱的總評分會是多少？請依1（我的覺察階段限制了我的潛力，使我無法達成想要完成的事，讓我的生活受到負面的影響）到10（我覺得自己已經具備雙重覺察的能力，並能在需要的時候展現刻意冷靜，我的覺察階段也讓我的生活有了積極的改善）的分數為自己的覺察力打分數，並在每一個月、兩個月和每六個月重複評分，以便查看自己的進展。
- 增進覺察能力對你的生活有什麼益處？它能讓你得以做什麼事情？對你的工

作、關係、能力和成就有什麼影響？

- 你在這個月裡可以做哪一件事來練習覺察力？不妨從簡單的小事開始。以下的活動都能幫助你培養覺察力：

　　在每個星期開始時，瀏覽行事曆並留意可能的適應區挑戰。進行覺察的小提醒。例如：戴手鍊，用來提醒自己檢視當下的感受，並確認自己是否處於保護、學習或其他的狀態。

　　在手機或手錶上設定提醒功能，在設定的時間裡進行淺呼吸的練習。進行簡短的冥想練習，訓練覺察力。

　　開始寫日記，寫下一天結束時的反思。

目標

這個支柱支撐著你的人生意義，以及對你來說最重要的人和事，包括價值觀、原則、家庭和職涯。

現在的你可能還無法回答「什麼是你的人生目標？」這個問題。若是如此，讓我們一起透過以下的方法來發現你的人生目的。你可以從反思自己的價值觀開始，無論你是否能夠清楚表達自己的人生目標是什麼，我們都對某些事情抱持著信念，這對我們很重要，比如我們希望以什麼樣的方式出現在這個世界上，如何展現自己的能力，以及與其他人的連結關係。這些都是你的價值觀，也與你的人生目標有直接關係。倘若你的人生目標依然遙不可及，那麼按照你的價值觀生活和工作，將會是往前邁進的方式。而如果你覺得已經與自己的人生目標產生鏈結，那麼反思你的價值觀也會有所幫助，如此一來，無論生活將你帶往哪一個方向，你都能夠清楚自己想要如何予以回應和參與其中；然後就能以符合個人價值觀的方式展現與表現自我。就如同連結更大的人生意義一樣，這是一種情緒調節技巧，當你有目的性地展開行動時，就能更加果斷與掌控全局。這能幫助你在面對挑戰或未知時，堅定自己的立場。

請參考以下列出的價值觀，並選擇在你的生活方式中最為重要的：

- 支配統御
- 家人的安全
- 正直
- 自主
- 公平
- 成功
- 值得信賴
- 快樂
- 認可
- 環境議題的覺察
- 冒險
- 穩定
- 避免羞愧
- 關心朋友和家人
- 正義
- 世界和平
- 被理解
- 獨立
- 和諧
- 權力
- 傳統
- 保守
- 享受
- 報復
- 興奮刺激
- 名聲
- 社區安全
- 影響力

- 給予支持
- 放縱
- 選擇
- 尊重威權
- 避免尷尬
- 地位
- 心靈
- 開放的思想
- 忠誠
- 你可以加註任何其他的價值觀

選擇了價值觀之後，請將總計一百的分數，根據各個價值觀對你的重要性依序分配。接下來請思考一下，你的價值觀在目前生活中的哪些部分扮演了關鍵的角色：

- 家庭
- 工作
- 宗教
- 朋友
- 社區

興趣與嗜好

以你覺得對自己最重要的事情為基礎，你會怎麼描述個人的目標？以下是幾個例子：

- 透過日常的工作讓社區更安全，成為一個更具包容性的地方。
- 為了下一代清理和保護環境，讓他們能夠徜徉其中。

- 透過成為願意支持子女的父母和關心朋友，來改善家人和朋友的生活。

現在的你已經確立或回想起你的目標，就讓我們花一點時間評估你目前的成功和挑戰狀態，看看哪些是成功運作的部分？又有什麼地方是你覺得想要改變的？

為了幫助你能更深入思考，以下的這些問題能協助你瞭解目前在工作和非工作活動中的目標實現程度。請針對每個問題圈選出答案：

- 我的目標會引導我做決定。

從來不會、很少、有時、常常、總是這樣

- 我會在人生的關鍵時刻尋求意義和目標。

從來不會、很少、有時、常常、總是這樣

- 我會試著在每日生活中尋找意義和目的。

從來不會、很少、有時、常常、總是這樣

- 我會尋找對我具有特殊意義的體驗。

從來不會、很少、有時、常常、總是這樣

- 我會考慮自我的價值觀或對我來說重要的事，來幫助我做決定。

從來不會、很少、有時、常常、總是這樣

- 我的目標會影響我的決策過程。

從來不會、很少、有時、常常、總是這樣

- 我能在目前的組織中朝著目標而努力。

從來不會、很少、有時、常常、總是這樣

仔細思考以上的問題之後，你對「目標」這個支柱的總評分是多少？請依1（我不是很清楚自己的目標和價值觀，也不會每天進行反思，所做的決定也不會受到影響）到10（我知道自己的目標，也知道什麼對自己很重要，我常常檢視自己的目標，每天做的決定也會受其引領）的分數為自己的目標打分數，並在每一個月、兩個月和每六個月重複評分，以便查看自己的進展。

現在請花一點時間思考，如何能讓自己更專注於目標，並依照自己的價值觀而活。是否能夠嘗試哪些行為、習慣或做法？如果想做出真正的改變，就必須專注在你的行為和行動，並擬定策略，具體確認自己真正想要有所不同的是什麼？我們的建議之一是在接下來的六個月裡，只專注於一種特定的行為。例如：每天確實花至少一個小時的時間在「有目標」的事情上。

能量

這個支柱支撐著你的福祉和復原力，以及為你的身體電池充電的身體、心理、精神、情緒和社交活動。正如先前的深入探討，照顧好自己的身心狀態並規劃完整的恢復狀況，對於個人的幸福感、適應力以及在面臨挑戰或不確定性下進入學習狀態的能力，都是非常基本與關鍵的需求。不過，基於習慣使然，我們通常只會選擇一或兩種恢復身心狀態的方式，而不是做完整的考量，甚至恰恰放棄在最需要的時候能為我們充電和提供活力的活動。

請從現在開始規劃定期的恢復練習，以隨時保持充沛的活力。這絕對不是自私或放縱！對於領導者來說，為團隊樹立良好的身心恢復習慣非常重要，或許身為領導者可以做的一件最重要的事之一，就是建立正確的觀念和態度。我們在每一次互動時所展現的能量都會被觀察，也經常被模仿。對身為能量活力和復原力的模仿對象，「照我說的做，不是照我做的做」這句話絕對不適用。

雖然每個人對恢復的需求因人而異，但整體的恢復大致包括了充足的睡眠、運動、營養、真誠的人際關係、個人覺得充實的活動、內省、專注、休息、以及與你的目標相關的活動。不過這些只是針對一般人的大略建議，若有任何特殊狀況或需求，在做出任何營養攝取或生活方式的改變之前，請先諮詢醫師的意見。

現在，你已經對整體的恢復有了更近一步地了解，接下來請問自己下列問題：

- 哪一些恢復方式目前對我來說很有用？
- 哪一些恢復方式已經對我無效？或者我還需要挑戰哪一些恢復的方式？
- 仔細思考以上的問題之後，你對「能量」這個支柱的總評分是多少？請依1（我尚未在日常生活中納入恢復身心的練習）到10（我已經在日常生活中納入恢復身心的練習，也能堅持下去）的分數為你的身心恢復練習打分數，並在每一個月、兩個月和每六個月重複評分，以便查看自己的進展。
- 對現在的我而言，在管理能量方面最重要的是什麼？哪一件事是我能持續做一個月，並在這方面為我帶來幫助？

關係

這個支柱支撐你在人生的不同關係中所扮演的所有角色，包括與同事和團隊成員的工作中，以及和家人的、朋友、社區成員等等的個人生活。同時也包括你在團體中所擔任的角色，像是工作團隊、整個家族、宗教團體、志工團隊和不同的朋友群。最後還有其他人和你一起扮演的角色，無論是否已經建立起能幫助你成長的連結關係，這部分的關係除了你本身所扮演的角色之外，還有你想要或需要別人在你的生活中扮演的角色。

雖然我們在這本書中主要聚焦在身為領導者的角色和關係，但同時也談到在不同角色上的衝突，像是領導者、夥伴、父母、社區成員和朋友，可能讓我們的電量消耗殆盡，導致身心俱疲。而我們的隱藏冰山顯然也會影響我們的工作與生活中的每一個部分，因此當我們在其中一方面被情緒沖昏頭時，其他方面也很可能會受到同樣的影響。我們也一次又一次地看到在工作中面對高風險適應區的挑戰，導致在家中表現出保護行為，反之亦然。因此，覺察並反思你想在生活中的各個領域展現什麼樣的自己，以及如何在目前扮演的所有角色維持平衡並和你的人生優先順序保持一致，是非常重要的課題。

首先，請列出你目前最為活躍的關係（例如：和你所觀禮的人、你的小孩、配偶、好朋友），我們很容易忘記自己積極參與的關係有哪些，實際寫下來能清楚地看出其中的優先順序，也有助於提醒自己擁有如此充裕的社會關係。接下來請列出你在其中扮演了積極角色的團體（像是工作團隊、宗教團體和朋友圈），然後問自己以下的問題：

- 我在每一個關係中表現得如何？哪一些的關係良好？
- 哪一些關係中的我和自己想要呈現的樣子不一致？哪一個關係令我感到疲累、壓力或忽略了？

- 我最想和誰在一起？為什麼？
- 十年後，我最想要誰出現在我的人生中？為什麼？
- 我有足夠的朋友嗎？我是否花足夠的時間和能帶給我能量的朋友在一起？
- 我的人生中是否有能幫助我、支持我的朋友？並滿足我對歸屬感、娛樂、愛、成就和自主的需求？
- 我需要做什麼改變才能讓自己在人生的特定關係中變得更好？
- 仔細思考以上的問題之後，你對「關係」這個支柱的總評分是多少？請依1（我不滿意自己如何處理人際關係和所屬的社區，也很難以我想要的方式呈現自己，而且沒有任何能支持我成長的人際關係）到10（我很滿意自己如何處理人際關係和所屬的社區，也能以想要的方式呈現自己，而且有能支持我成長的人際關係）的分數進行評分，並在每一個月、兩個月和每六個月重複評分，以便查看自己的進展。
- 我在下個月想透過覺察、嘗試新的關係建立或溝通方式、或是變換另一種心態，專注於人際或社區關係的哪一件事？

每日生活

以下是一個生活忙碌的人如何度過身心平衡的一天。你會發現我們的目標不是完全投入，而是在一天當中穿插讓身心獲得恢復的時段。

以正念迎接每一天

克制住自己想要伸手拿手機的衝動！每個早上花至少二十分鐘進行非工作性的例行活動。

晨間例行事項

事先設立一些目標或活動。例如：刷牙時一邊做深呼吸，然後刻意微笑，接著為這一天設定一個目標。你想要做什麼？想要成為誰？在等待咖啡煮好或開水煮沸時，你可以趁機花幾分鐘做一些伸展運動。

工作時的運動

考慮下一個會議是否真的需要坐在會議室裡舉行，還是可以一邊散步一邊開會。

經常休息

請每兩個小時起來活動一下，無論是起身倒一杯水，或是做幾次深呼吸，然後伸展一下都行。建議設定提醒通知喔！

安排不受打擾的工作時段

在白天設定幾個（或至少一個）不受打擾的時段，專注於需要花腦力和發揮創造力的工作。請在日曆上把時間標註出來，排除任何會議或約見，也不要查看電子郵件。最好暫時關閉你的電子信箱，免得你忍不住想要閱讀或回覆郵件。

每日感謝

想想你的哪些朋友、家人或同事會因為收到簡訊、電子郵件或一通電話而擁有正能量，就送一通簡短的問候，讓他們知道你正想著他們吧！

堅守優先順序

雖說每個人都不一樣，但是我們的工作效率通常在認真努力了六到八個小時之後就會開始下降，所以請在一天的工作即將結束之前，問問自己：今天真的需要完成的事是什麼？什麼事情可以延遲到明天或甚至從待辦事項中刪除的？

不容協商的恢復期

無論是和所愛的人一起共進晚餐，上健身房、瑜伽課還是和自己獨處的安靜時光，都請在行事曆上留下做這些事的時間，因為這些都能讓你保持健康。

仁慈地自我安慰

生活並不總是事事如意，每天都有一些出其不意的變化球讓事情變得艱困，即使你辛辛苦苦地做了萬全的準備，結果可能還是差強人意。如果你正為此所困，請好好安慰自己，度過這些令人懊惱失意的時刻。

睡前的感恩時刻

到了晚上，請寫下自己覺得感恩的三件事以及為什麼，並請試著每天具體寫出不同的三件事。

睡覺時間

把手機放到另一個房間（真正的鬧鐘還是有用的），睡前一個小時之前避免查看電子郵件、看新聞或進行緊張的對話。

理想的一週與目前的一週

你現在應該對於自己在個人運作模式中行得通和行不通的方式，有了清楚地瞭解，那麼現在該怎麼往前邁進呢？請先花一點時間規劃出你的理想一週。這一週不是度假模式，而是平常的一週，在這一週裡每一件事都必須照著計劃走，不能有任何突發事項（我們知道這樣很不『平常』！）。請在規劃理想一週時考慮以下的問題：

- 你的日常生活是什麼樣子？
- 你的時間是怎麼度過的？你認為開會、專注工作、與他人一起工作、單獨工作、娛樂活動、和家人及朋友共渡的時光等等，這些項目的理想平衡是什麼樣的狀態？
- 你會做哪一種覺察練習？次數？
- 你會以什麼樣的方式與自己的目的產生連結？
- 哪一些活動是你的優先事項？

- 你會如何恢復身心能量？
- 你在個人與職場中以什麼樣的狀態現身？
- 你想花最多時間在一起人的是誰？

現在，請將你規劃的理想一週和目前的日常一週做比較。

- 有類似的地方嗎？又有哪些不同的地方？
- 為了縮小理想一週和日常一週的差異，你可以做哪些小改變？
- 若想長期縮小差距，你可以做出的最大改變是什麼？

為成功做好準備

反思和計劃很重要，但是在現實社會中只有反思和計畫也只能紙上談兵。當你面對日常的挑戰和新壓力時，很容易陷入舊有的模式。所以，請記住以下這些讓你堅持下去的小技巧：

這是團隊的努力

沒有人能單打獨鬥地進行運作，不妨請身邊的人為你保持下去。選擇一位夥伴，與他分享你的運作模式並定期進行交流與確認，如果可以的話甚至每天一次。這位夥伴可以是、值得信賴的同事、平有，或是你的配偶。當你與這位夥伴分享你的計畫時，請以開放的心態接受建議和回饋。旁觀者清，別人往往能看出我們難以覺察的盲點，或是我們認為理所當然的進步。

根據計劃調整時間

許多領導者發現行使用事曆很有幫助，請在行事曆標註出反思和強化覺察力的時間，標註出恢復的時間、為特定目的工作的時間。也要標註關係交流和團隊工作的時間，不要假設關係和團隊合作會「自然發生」，它們需要花時間培養與維護，也是值得優先考慮的重要事項。最後再提供一個小技巧：結束一天之前，留一點時間為明天做好準備。想想明天該怎麼規劃出用於覺察、目的、恢復和關係的時間。

一次一小步，並建立定期的回饋循環

巨大的改變令人懼怕也讓人裹足不前，甚至被打敗。先試著從小改變開始，例如：假使你發現自己需要恢復大量的能量，請不要像專業運動員那樣在生活的每一個方面都設定恢復目標，你可以先從小處著手，每天至少設定兩次五分鐘的休息時段，進行冥想或運動都可以，看看這麼做對你會有什麼影響。

除了從小著手之外，也可以建立回饋循環，透過經常性的自我檢視（或和你的夥伴一起）以及精進每一個成功、挑戰與計畫，是另一個真正能夠取得進展的方式。而且無論這個進展有多小，都應該認可、慶祝並享受這份成功。而隨著時間的累積，你可能也會想和團隊一起分享並探索這種個人運作模式。

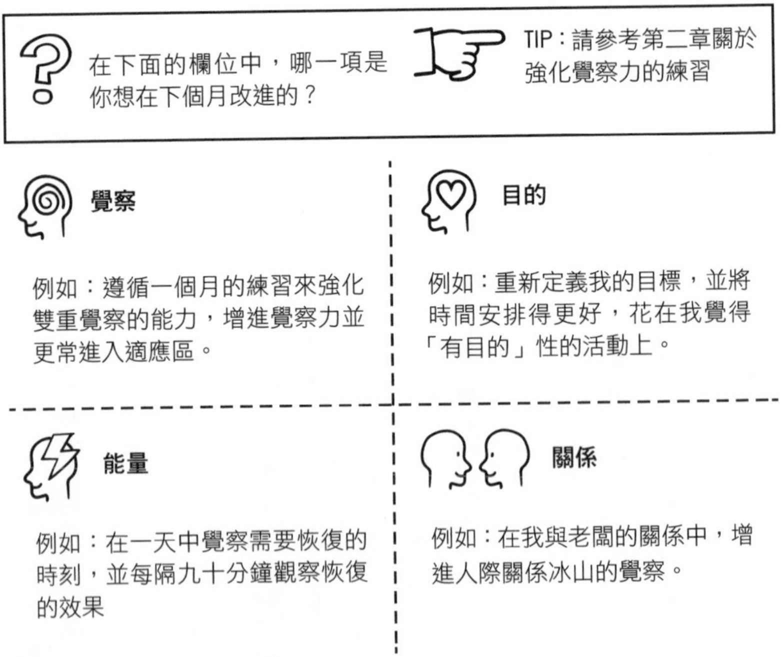
在下面的欄位中，哪一項是你想在下個月改進的？
TIP：請參考第二章關於強化覺察力的練習
覺察
例如：遵循一個月的練習來強化雙重覺察的能力，增進覺察力並更常進入適應區。
目的
例如：重新定義我的目標，並將時間安排得更好，花在我覺得「有目的」性的活動上。
能量
例如：在一天中覺察需要恢復的時刻，並每隔九十分鐘觀察恢復的效果
關係
例如：在我與老闆的關係中，增進人際關係冰山的覺察。

圖10-3　下一個月的計畫

結語

每個人都可以選擇往後退回安全地帶，或是往前邁向成長。成長，必須歷經一次又一次的選擇；恐懼，也必須一次又一次地戰勝。

——亞伯拉罕．馬斯洛（Abraham Harold Maslow）

加拿大總理賈斯汀．杜魯多（Justin Trudeau）曾在二〇一八年指出：「（這個世界）變化的腳步從未如此之快，也永遠不會再變得這麼慢。」在這個變化無常、動盪、複雜又詭譎的世界中，舊有的方法正在日漸崩塌，新的方式不斷地湧現，身為領導者的我們必須持續地適應，為下一代創造出值得驕傲的新世界。這個適應可能出現在每個人生活中的不同層面，可能是家庭，可能是團隊或組織，可能是在我們的國家或是擴及整個世界。

雖然我們誰也不知道哪裡會潛藏著什麼破壞或變化，但是我們知道隨著世界的快速變動，如何適應變得愈來愈重要，也愈來愈難做到。這個世界現在需要的，是即使在最具挑戰的情況下，也能站出來成為領導者，同時也是個學習者的人。為了成為這樣的學習型領導者，我們必須擴大自己的認知，打破將我們禁錮在過去的習慣，以全新的眼光看待這個世界，並開創相互連結及改變世界的新策略。

這代表從今天開始練習刻意冷靜，將是最容易的一件事。這麼做能幫助你解開適應性悖論的神祕面紗，幫助你學習、適應、成長並成功，無論你的周遭發生什麼事，或你可能面臨什麼樣的挑戰。假使你目前並未處於混亂或危機之中，那麼似乎沒理由現在就開始練習，但這其實才是鍛鍊刻意冷靜的完美時機，如此才能為未知的未來做好準備。如果你目前正面臨重大的轉變或挑戰，那麼似乎也沒有時間在生活中融入新的作法，不過我們一定有足夠的時間在反應之前先暫停，然後做出刻意冷靜地選擇，因為在這樣的情況下，**減速其實意味著加速**。無論你在個人生活或職場上發生了什麼事，我們都希望你立即開始運用這些技巧。

回想我們在一開始提到的薩利機長，他只有幾秒鐘的時間來決定是否遵循標準的應變程序，將飛機開回機場；還是適應它所面臨的狀況，嘗試一些新方法，而他的確也讓那幾秒鐘花得很值得。現在的你已經擁有控制情緒的所有所需工具，無論面對的是什麼樣的狀況，也擁有選擇最佳反應的所有資源。

因此，我們希望你會選擇立即開啟為期四週的刻意冷靜計畫，加以實踐，並為即將到來的任何人生變化做好準備。「練習」這兩個字是計畫的核心，今天的你不會完美地做到這一點，四週之後也許也不會，甚至永遠都無法完美做到，但你並不需要這麼做。我們當然也做不到！接受和擁抱你的人性，也是過程的關鍵部分。

隨著你的日益進步，我們希望你能分享學到的東西。僅僅進行刻意冷靜，就能對周遭的人產生影響；你也會有機會教其他人這些技巧，在家人、團隊、社區和這個世界引發漣漪效應。我們抱著樂觀的態度寫下這本書，因為只要擁有強大的覺察力，我們就能懷著同理心、自信心和希望，一起迎接未來的挑戰。感謝你選擇成為其中的一分子。

附錄

刻意冷靜的四週練習計畫

現在你已經建立了基礎的個人運作模式，接著即將開始練習刻意冷靜。在接下來的四個星期當中，你將會進行一連串的實際行動，幫助你覺察周遭環境及情況需求、做出更好的選擇、有效應對挑戰並進行更深層的轉變。如此一來，無論周遭發生了什麼事，你都不會輕易動搖而轉換到保護模式。你可以選擇立即啟動訓練計畫，也可以選擇先熟悉新的個人運作模式，一段時間之後再開始。無論你選擇的是哪一種方式，都應該在感覺自己擁有強大的動力、也對展開新嘗試躍躍欲試的時候開始啟動這個計畫。建立新習慣需要時間，我們建議你從四週計畫開始，之後再繼續另一段更長遠的旅程。

在每一週的計畫當中，你將專注於覺察周圍的觸發因素，以及你的回應方式。第二週開始，則是練習辨識自己的覺察階段。第三週加上刻意冷靜的練習，獲得更進一步的進展。第四週，致力於重新建構冰山的轉變過程。雖然刻意冷靜本質上不是能夠在四週之內完成的事，而是一項終生的修練，但在這四個星期結束之後，你應該會發現自己的雙重覺察能力產生了很大的差異，在面對挑戰和未知時也更能保持冷靜與擁有更多的選擇。

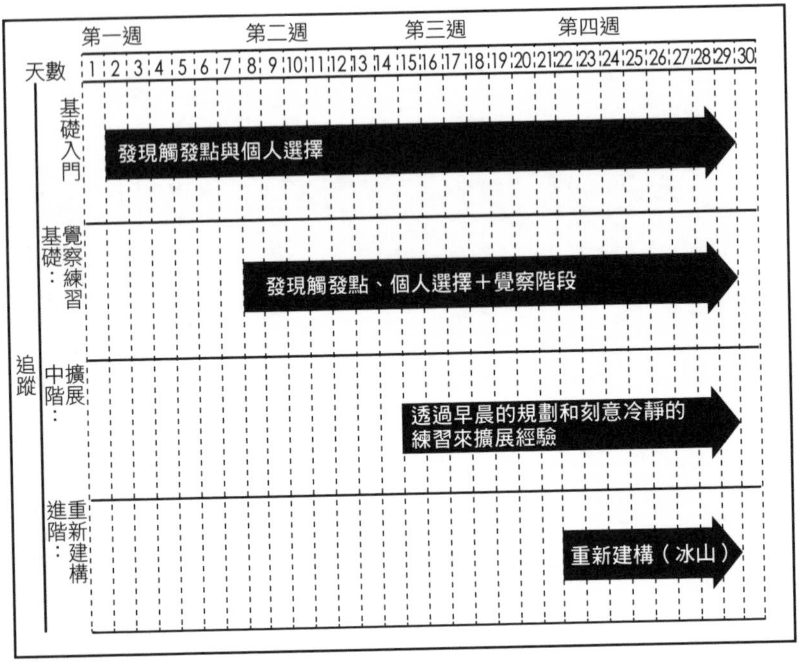
第一週
第二週
第三週
第四週
天數
1 2 3 4 5 6 7 8 9 10 11 12 13 14 15 16 17 18 19 20 21 22 23 24 25 26 27 28 29 30
追蹤
基礎入門
發現觸發點與個人選擇
基礎：覺察練習
發現觸發點、個人選擇＋覺察階段
中階：擴展
透過早晨的規劃和刻意冷靜的練習來擴展經驗
進階：重新建構
重新建構（冰山）

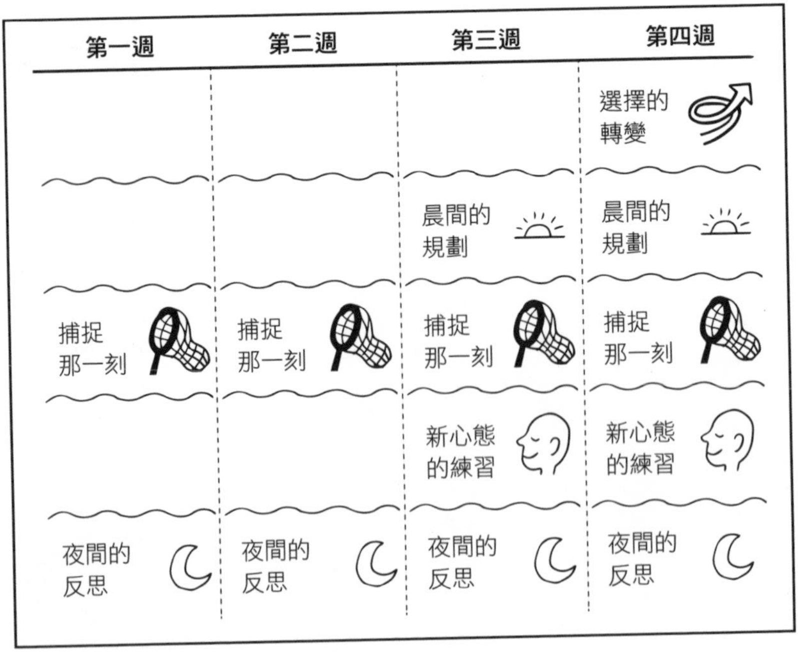
第一週
第二週
第三週
第四週
選擇的轉變
晨間的規劃
晨間的規劃
捕捉那一刻
捕捉那一刻
捕捉那一刻
捕捉那一刻
新心態的練習
新心態的練習
夜間的反思
夜間的反思
夜間的反思
夜間的反思

第一週　基礎／入門

你將在這一週專注於覺察進入保護狀態的時刻，這樣你就可以開始瞭解這種情況發生的原因和頻率，以及它如何影響你的想法、感受和行為。你也能在透過練習之後，實際發現自己進入保護狀態的片刻。而在之後的計畫中，我們將加入修練冷靜的方式，幫助你在這些時刻裡從保護狀態轉變成學習狀態，甚至提早預測，這樣無論你的周遭發生了什麼事，你都可以繼續保持在學習的狀態。

日常練習

1. 捕捉那一刻

你在這週的目標，是每天捕捉或覺察出四個「觸發時刻」。在這些時刻裡，你會感受到強烈的情緒和做出衝動的情緒反應，這也代表你很可能處於保護狀態。這在任何情況都可能發生，無論是高風險適應時刻或是每天的低風險熟悉區。

在每個觸發時刻過後，請簡短地記錄發生的事情、你的感受、當時的想法以及導致的行為，你可以隨身攜帶日記本，或是記錄在手機裡。重點是每天都必須這麼做，雖然目標是四個，但是更多或少一點也沒關係。

以下這個例子能讓你更清楚該怎麼做：

時刻：我正和太太一起把髒碗盤放進洗碗機裡，她「指揮」我怎麼做得更好。

感受：有點煩。

想法：這件事又沒那麼重要，誰在乎怎麼把髒碗盤放進洗碗機裡。

行為：不理她，假裝沒聽到。

2. 夜間的反思

每天晚上，你將針對這些觸發時刻及他們如何影響你的行為與原因，進行反思。反思在這個修練計畫中非常的重要，這是一種能讓你和觸發時刻保持客觀距離，重新省思白天所發生的事，並傾聽自己的內在聲音，也是一個非常關鍵的重要過程。哪一個時刻對你來說特別難熬？為什麼？你為什麼以那樣的方式來回應？反思能幫助你以更大的格局來看待整件事情，並瞭解自己的反應與其背後驅使的因素。

在這個星期當中，請每天晚上花十分鐘省思並回答下列的問題：

在這些觸發時刻當中，哪一個讓你感受到最大的壓力？

你認為那一刻的觸發因素是什麼？請用一句話來描述。（可能是某人說的某一句話、你自己的一個想法、聽到的一個聲音或看到的什麼）

這個讓你感受到最大壓力的觸發時刻，大概發生在今天的哪一個時間？

你認為自己在那個時刻裡的想法是直覺的保護狀態（防備、害怕、憤怒、負面），還是學習狀態（好奇、正面、開放的態度）？

如果以1到10來評分，你在那時候的感覺如何？（1＝不愉快，10＝非常愉快）

你在那一刻有什麼樣的情緒？（例如：興奮、熱情、開心、快樂、不開心、焦慮、沮喪、有壓力、不安、緊張、傷心、憂鬱、懶散、無聊、冷靜、放鬆、平靜、滿

足，或其他的感覺）

如果以1到10來評分，你會給這個狀況打幾分？（1＝我偏離了自己的目標，我的反應造成適得其反的後果，無助於我想在這個情況下達成的目標；10＝我遵循著目標前進，我的反應不但達到成效，也有助於實現我想在這個情況下達成的目標）

請回顧當時的情況，你認為當時情況的需要什麼？是需要你專注於已知的熟悉區情況？或是需要新方法的適應區情況？

如果撇開當時被觸發的那一刻，今天的你會選擇如何經歷當時的情況？你會選擇避開那些可能發生的情況和過程？為什麼？你會接受、延遲或避開哪些學習的機會？

在結束晚間的反思前，請先深呼吸，花一點時間思考剛剛的練習，是否湧現任何的感想？是否對任何模式有了更清楚的理解？

第一週的總結

在這週結束時，你會大約紀錄了二十八個適應時刻，並完成七次的夜間反思。你能發現觸發時刻和回應模式之間的相關模式嗎？像是這些時刻是否都發生在一天當中的某些時間點？或是發生在從事某個相同的活動？或者是和特定的人互動時？你在每一個時刻的想法、情緒和身體感覺是相似還是不同？你的行為呢？

現在，請多花一點時間回顧這一整個星期的過程，這週發生了什麼事？你經歷了任何「啊哈」時刻嗎？如果沒有也不要緊。你還在一天天地提高覺察力，我們會在下一週進行更深入的練習。

第二週　基礎與覺察練習

本週除了捕捉觸發時刻之外，你將開始辨識自己在那些時刻的覺察階段。只要持續練習，就能夠發現自己的覺察階段不斷地提升。不過，有時候不一定呈直線式的上升，有時候可能停滯不上，有時候也可能退回上一個階段，這些都是正常的表現。即使整個表現不是很明朗，但是請一定要有耐心，並相信自己正一點一滴地進步。

日常練習

這週的練習和第一週非常類似，同時繼續強化你的雙重覺察能力。

1. 捕捉那一刻

這週請嘗試同樣每天覺察出四個「觸發時刻」，並在事件發生之後盡快記錄發生的事情、你的想法、感受及行為。你可以寫在日記本，或是記錄在手機裡。

2.夜間的反思

接著，請在每天晚上進行更深入一點的反思，並回答下列的問題：

在每一個觸發時刻中，你認為當時的自己是以哪一個覺察階段來運作？

□階段1：一無所覺——對內在狀態與外部情況毫不察覺。

□階段2：後知後覺——在事情發生之後才覺察到。

□階段3：略有所感——有所覺察，但無法在當下做出有效的回應。

□階段4：迅速回應——有所覺察，並能在短時間之後作出回應。

□階段5：適應調整——有所覺察，並能夠在當下從保護轉為學習狀態（雙重覺察的展現）。

在這些觸發時刻當中，哪一個讓你感受到最大的壓力？

你認為那一刻的觸發因素是什麼？請用一句話來描述。（可能是某人說的某一句話、你自己的一個想法、聽到的一個聲音或看到的什麼）

這個讓你感受到最大壓力的觸發時刻，大概發生在今天的哪一個時間？

在這個壓力最大的時刻，你覺得自己處於哪一個覺察階段？

□階段1：一無所覺——對內在狀態與外部情況毫不察覺。

□階段2：後知後覺——在事情發生之後才覺察到。
□階段3：略有所感——有所覺察，但無法在當下做出有效的回應。
□階段4：迅速回應——有所覺察，並能在短時間之後作出回應。
□階段5：適應調整——有所覺察，並能夠在當下從保護轉為學習狀態（雙重覺察的展現）。

你認為自己在那個時刻裡的想法是直覺的保護狀態（防備、害怕、憤怒、負面），還是學習狀態（好奇、正面、開放的態度）？

如果以1到10來評分，你在那時候的身體感覺，亦即身體的活力狀態如何？（1＝低能量，10＝高能量）

如果以1到10來評分，你在那個時候是感覺非常愉快還是不愉快？（1＝不愉快，10＝愉快）

你在那一刻有什麼樣的情緒？（例如：興奮、熱情、開心、快樂、不開心、焦慮、沮喪、有壓力、不安、緊張、傷心、憂鬱、懶散、無聊、冷靜、放鬆、平靜、滿足，或其他的感覺）

如果以1到10來評分，你會給這個狀況打幾分？（1＝我偏離了自己的目標，我的反應造成適得其反的後果，無助於我想在這個情況下達成的目標；10＝我遵循著目標前進，我的反應不但達到成效，也有助於實現我想在這個情況下達成的目標）

請回顧當時的情況，你認為當時的情況需要什麼？是需要你專注於已知的熟悉區情況？或是需要新方法的適應區情況？

如果撇開當時被觸發的那一刻，今天的你會選擇如何經歷當時的情況？你會選擇避開那些可能發生的情況和過程？為什麼？你會接受、延遲或避開哪些學習的機會？

在結束晚間的反思前，請先深呼吸，花一點時間思考剛剛的練習，是否湧現任何的感想？是否對任何模式有了更清楚的理解？

第二週的總結

在第二週結束時，你應該已經記錄下四十至六十個觸發時刻，並完成十四次的夜間反思。你可能會開始發現自己的觸發點和反應出現了一些特定的模式，請將這些記錄下來，然後回顧這一整個星期，你發現自己被觸發的次數比第一週多還是少？你在觸發時刻的感覺和反應有什麼不一樣嗎？

你已經來到了四週計畫的一半，也在雙重覺察上奠定了穩固的基礎。下週開始，你將會學習運用刻意冷靜的方法，瞭解從保護轉向學習的方式。就讓我們開始吧！

第三週 擴展

你將在這週專注於預測觸發時刻，並因應情況變化做出最好的回應。也就是說，你將進行雙重覺察的實作練習。除此之外，你也將持續捕捉白天的觸發時刻，同時預測可能處於的區域以及最有可能發生觸發的時間點。為了幫助你預測這些時間點，我們還會加上晨間的規劃練習。

晨間的規劃能讓你早一步建立目的與身體、心理、情緒和表現效益上的連結，就像與更大目標連結的做法一樣，這個練習能讓你感覺到任何的壓力和緊張都有其正面的意義，都是值得的。也會使你採取學習的心態，擺脫基於恐懼的反應，讓你不至於被情緒沖昏了頭。就像是在觸發時刻拋出的定錨，能讓你保持穩定。

事先規劃除了是一種有益的日常練習之外，也能讓你在困難與最需要的時刻，保持學習狀態，並提前知道自己想要如何來面對。事先規劃也能增進大腦的預測能力，這項能力對於進行任何你覺得可能產生歧異或困難的談判、會議或狀況時，有會有莫大的助益。

不過這一切當然都必須在你可能進入保護模式之前，就需要能夠覺察到。因此，如果能在一天開始之前，先花幾分鐘瀏覽當天的排程，看看是否有任何處於高風險的機會，並事先規劃想要完成哪些事項，以及預設自己和其他人如何經歷這些過程，就會產生很好的成效。這麼做也能讓你預測所謂的「情緒熱點」，或其他可能需要學習的心態情況，並為可能出現的情緒反應提供一道防火牆。

有了事先的規劃準備，你將在這週專注於在高風險時刻由保護轉為學習狀態，除此之外，你也將如同前兩週一樣，在每天結束前進行十分鐘的反思，持續提高覺察力，並深入瞭解行為背後的驅使因素。在這一週完成之後，你將會為轉變做好準備，並進行更深入、持久的改變。

日常練習

1. 捕捉那一刻

這週和之前一樣，請每天覺察出四個「觸發時刻」，並在事件發生之後盡快記錄發生的事情、你的想法、感受及行為。你可以寫在日記本，或是記錄在手機裡。

2. 晨間的規劃

請在每天早上找一個安靜的地方，不被打擾地靜坐十分鐘。可能的話建議在還未查看手機之前做這一件事，並回答下列關於這一天的問題：

你對於今天的期望／目標／計畫是什麼？該怎麼做才能讓今天成為美好的一天？

今天的你想要成為誰？你想要如何在自己和其他人面前展現自己？

有什麼是今天必須做的事？哪些挑戰或機會促使你保持好齊心並可能放棄原有的計畫？

什麼事情會讓你的這一天變得充實、有價值？

你今天可能面臨的潛在高風險情況或觸發時刻是什麼？當你想要優先保持學習狀態時，是否可能遭遇適應區的情況？

探索這些潛在的壓力或挑戰時刻時，你認為導致你感受到壓力的主要原因是什麼？有沒有什麼方法能夠重新看待這個情況，讓整個體驗過程完全不同，並做出建設性的回應？

這些特別的情況有什麼需求？是執行我已知的，還是需要我保持開放的學習心態？

為這天的相關時刻事先做規劃與準備，請試著想像以下的問題：

□你希望發生什麼事？

□你希望如何思考和感受？

□你希望其他人如何思考和感受？

□你希望自己用什麼樣的心態出現在這個特定的時刻？

思考你想在這個特定時刻裡，以什麼樣的狀態出現？在一天當中可以提前為這個重要時刻做好哪些準備？（例如：快步走、吃一頓豐富的午餐、或花點時間做幾次深呼吸）

3. 從保護到學習的轉換

當你在這週注意到自己正經歷觸發時刻或適應時，也將透過學習使用生理工具和重新建構這兩種方式，幫助自己從保護轉為學習。你可以試著找時間練習這些工具，或者嘗試切換到學習的狀態。經過練習之後，你應該能夠愈來愈快地做出改變。請對自己有耐心，因為這確實需要時間。你在運用這些工具的時候，會無可避免地被情緒所影響，這也沒關係，因為我們的目標不是永遠都一直停留在學習狀態。

生理工具

當你意識到自己正遭遇觸發或適應時刻時，請運用以下的一或多項快速簡單的介入方法，幫助你的身體平靜下來，以利進入學習狀態：

深呼吸，呼氣的時間比吸氣長。

放大視野，欣賞周圍的景觀。

快走五到十分鐘。

故意用低沉、溫暖的聲音說話。

採用腹式呼吸而不是胸腔呼吸。

重新建構

如同之前所討論的，當我們處於熟悉區時的某些心態可能適得其所，但到了適應區時，就會讓我們做出不太具效益的回應。刻意從學習心態而非現狀或限制心態來做事，就能幫助你保持在學習狀態。請你在這週留意自己的適應或觸發時刻，並試著轉為以下的這些學習心態：

成長心態——當我們以成長心態行事時，我們相信隨著時間的累積，我們的智慧也會跟著增長，並學到新的能力。

好奇心態——只要帶著好奇心，我們就願意提出問題、探索並發現。也渴望在學習狀態下嘗試新事物來學習。

開創心態——在創造心態下，我們有目的的引領，賦予自己和他人探索新可能的力量，並試驗創新的解決方法。

原動力心態——在原動力心態之下，我們擁有內在的控制原力，知道自己在合理的範圍內有能力去嘗試新事物、克服挑戰並完成我們決心想要做到的事。

充裕心態——只要擁有充裕的心態，就能把所擁有資源視為豐富足夠，不需要再去競爭奪取，也會將所有的挑戰視為潛在的雙贏局面。這在談判時會是一種特別有用的心態。

探索心態——在探索心態之下，我們對原計劃之外的事情都會抱持著開放的態度，我們不知道未來會是怎麼樣，但是我們相信想要成功的最好方法就是未雨綢繆，但也要在過程中保持彈性和好奇，尋找意料之外的機會。

機會心態——在機會心態下，我們會致力於尋找潛在的機會，而不是可能的阻礙，並相信我們可以成就大事。

4. 夜間的反思

你在這個星期的每個晚上，將進行深層的反思，並回答下列的問題：

在每一個觸發時刻中，你認為當時的自己是以哪一個覺察階段來運作？

□階段1：一無所覺——對內在狀態與外部情況毫不察覺。
□階段2：後知後覺——在事情發生之後才覺察到。
□階段3：略有所感——有所覺察，但無法在當下做出有效的回應。
□階段4：迅速回應——有所覺察，並能在短時間之後作出回應。
□階段5：適應調整——有所覺察，並能夠在當下從保護轉為學習狀態（雙重覺察的展現）。

在這些觸發時刻當中，哪一個讓你感受到最大的壓力？

你認為那一刻的觸發因素是什麼？請用一句話來描述。（可能是某人說的某一句話、你自己的一個想法、聽到的一個聲音或看到的什麼）

這個讓你感受到最大壓力的觸發時刻，大概發生在今天的哪一個時間？

在這個壓力最大的時刻，你覺得自己處於哪一個覺察階段？

□階段1：一無所覺——對內在狀態與外部情況毫不察覺。

□階段2：後知後覺——在事情發生之後才覺察到。

□階段3：略有所感——有所覺察，但無法在當下做出有效的回應。

□階段4：迅速回應——有所覺察，並能在短時間之後作出回應。

□階段5：適應調整——有所覺察，並能夠在當下從保護轉為學習狀態（雙重覺察的展現）。

你認為自己在那個時刻裡的想法是直覺的保護狀態（防備、害怕、憤怒、負面），還是學習狀態（好奇、正面、開放的態度）？

如果以1到10來評分，你在那時候的生理狀態，亦即身體的活力狀態如何？（1＝低能量，10＝高能量）

如果以1到10來評分，你在那個時候是感覺非常愉快還是不愉快？（1＝不愉快，10＝愉快）

你在那一刻有什麼樣的情緒？（例如：興奮、熱情、開心、快樂、不開心、焦慮、沮喪、有壓力、不安、緊張、傷心、憂鬱、懶散、無聊、冷靜、放鬆、平靜、滿足，或其他的感覺）

如果以1到10來評分，你會給這個狀況打幾分？（1＝我偏離了自己的目標，我的反應造成適得其反的後果，無助於我想在這個情況下達成的目標；10＝我遵循著目標前進，我的反應不但達到成效，也有助於實現我想在這個情況下達成的目標）

你是否能夠使用生理工具來提高成效？哪些有用？哪些沒有用？

你是否能運用重新建構的技巧來提高成效？哪些有用？哪些沒有用？

請回顧當時的情況，你認為當時的情況需要什麼？是需要你專注於已知的熟悉區情況？或是需要新方法的適應區情況？

如果撇開當時被觸發的那一刻，今天的你會選擇如何經歷當時的情況？你會選擇避開哪些可能發生的情況和過程？為什麼？你會接受、延遲或避開哪些學習的機會？

在結束晚間的反思前，請先深呼吸，花一點時間思考剛剛的練習，是否湧現任何的感想？是否對任何模式有了更清楚的理解？

第三週的總結

在完成第三週的計畫之後，你應該已經記錄了六十到八十四個觸發時刻，並完成二十一次的夜間反思。請花一點時間回顧這一週，什麼模式不斷出現？當你試著從保護轉為學習時，成功的機率是多少？哪一些技巧能起作用？哪一些一點效果也沒有？你是否注意到自己能愈來愈快地捕捉到處發時刻？隨著覺察能力的提高以及獲得的工具技巧，你將在下週學習如何改變當下不適用的行為，而這也正是真正轉變的開始。

第四週　進階

你在這週將確定一種你想要改變的行為，發現驅使這種行為背後的限制心態，並培養另一種更能促進期望行為的有利心態，同時創造發自心學習心態的運作機會。

一次性轉型引導練習

這週將與每天完成的其他練習不一樣，你只需要在第四週的開始時做一次練習。

請先回顧前三週的狀況，到目前為止應該可以辨識出一些模式。請花一點時間思考你的這些觸發點，並回答下列的問題：

在這些觸發點當中，有哪些模式不斷出現？

你在觸發時刻表現出的反應行為，是否有哪些模式？這些是你在當下可能做的是，例如：大吼大叫、抱怨、批評、心不在焉，或是變得咄咄逼人。或者是你沒做的事，像是：不願意分享意見、避免提供直接的回饋，或拒絕負起責任。

在夜間的反思當中，你是否發現自己的反應反而讓你遠離了目的？你在那時做了什麼？或沒做什麼？你是否已經從那些毫無益處的行為當中，辨識出一或兩種模式？

選擇一種持續出現並對你產生相關重要結果的行為，例如：提供回饋、事必躬親或不承擔責任。

你將在這週選擇一種行為，這種行為可以透過發現並改變行為背後的心態來改變，並問自己以下問題：

我的哪一種行為阻礙了我的目標？（這是你想要改變的行為）

我通常在什麼情況下表現出這種行為？是在熟悉區還是適應區？這個情況的需求是什麼？

我在這種情況下有什麼感覺？

我在這個情況下的想法是什麼？

導致這些想法、感受和行為的背後，是什麼樣的心態？

這種心態能為我帶來了什麼？

這種心態對我有什麼不好的地方？

如果我不再抱持這種心態，我的生活會有什麼不一樣？

如果改變了這種行為，我可能會擔心發生什麼事？

如果改變了這種行為，可能發生的最糟糕事情是什麼？

如果繼續這種行為，最可能發生什麼事？

在這種情況下，我可以選擇哪一種更有利的心態來行事？

如果我以這種新的心態回到之前的情況，會有什麼樣的感受和想法？和之前又有哪些不一樣的地方？

基於這些想法和感受，我自然會表現出什麼樣的行為？（這是你期待的行為）

如果我持續運用這種新的方式，可能會有什麼樣的結果？

我可以從這種心態進行哪些小試驗，用以表現新行為？

日常練習

1. 捕捉那一刻

同樣地，請在這週每天覺察出四個「觸發時刻」，並在事件發生之後盡快記錄發生的事情、你的想法、感受及行為。你可以寫在日記本，或是記錄在手機裡。

2. 晨間的規劃

請在每天早上找一個安靜的地方，不被打擾地靜坐十分鐘。可能的話建議在還未查看手機之前做這一件事，並回答下列關於這一天的問題：

你對於今天的期望／目標／計畫是什麼？該怎麼做才能讓今天成為美好的一天？

今天的你想要成為誰？你想要如何在自己和其他人面前展現自己？

有什麼是今天必須做的事？哪些挑戰或機會促使你保持好齊心並可能放棄原有的計畫？

什麼事情會讓你的這一天變得充實、有價值？

你今天可能面臨的潛在高風險情況或觸發時刻是什麼？當你想要優先保持學習狀態時，是否可能遭遇適應區的情況？

探索這些潛在的壓力或挑戰時刻時，你認為導致你感受到壓力的主要原因是什麼？有沒有什麼方法能夠重新看待這個情況，讓整個體驗過程完全不同，並做出建設性的回應？

這些特別的情況有什麼需求？是執行我已知的，還是需要我保持開放的學習心態？

為這天的相關時刻事先做規劃與準備，請試著想像以下的問題：

□你希望發生什麼事？
□你希望如何思考和感受？
□你希望其他人如何思考和感受？
□你希望自己用什麼樣的心態出現在這個特定的時刻？

思考你想在這個特定時刻裡，以什麼樣的狀態出現？在一天當中可以提前為這個重要時刻做好哪些準備？（例如：快步走、吃一頓豐富的午餐、或花點時間做幾次深呼吸）

3.練習運用新心態

你的新行為可能不會一開始就自然而然地出現，那也沒關係。只要持續地練習，就會變得更自然，習慣就是這麼來的。請在這個星期找出能夠練習展現新行為並運用新心態行事的時刻，最好每天至少一次。思考自己需要什麼協助才能成功，以及如何製造更多的練習機會。

4.夜間的反思

你將在這個星期的每天晚上完成深度反思，並回答以下的問題：

你今天是否練習了期望擁有的心態和行為呢？什麼地方進展順利？你學到了什麼？你嘗試的這個新心態是否能展現真正的自己？或者還需要適應？

你在接下來的哪一個時刻可以運用這個新心態和行為？

在每一個觸發時刻中，你認為當時的自己是以哪一個覺察階段來運作？

□階段1：一無所覺——對內在狀態與外部情況毫不察覺。
□階段2：後知後覺——在事情發生之後才覺察到。
□階段3：略有所感——有所覺察，但無法在當下做出有效的回應。
□階段4：迅速回應——有所覺察，並能在短時間之後作出回應。
□階段5：適應調整——有所覺察，並能夠在當下從保護轉為學習狀態（雙重覺察的展現）。

在這些觸發時刻當中，哪一個讓你感受到最大的壓力？

你認為那一刻的觸發因素是什麼？請用一句話來描述。（可能是某人說的某一句話、你自己的一個想法、聽到的一個聲音或看到的什麼）

這個讓你感受到最大壓力的觸發時刻，大概發生在今天的哪一個時間？

在這個壓力最大的時刻，你覺得自己處於哪一個覺察階段？

□階段1：一無所覺——對內在狀態與外部情況毫不察覺。

□階段2：後知後覺——在事情發生之後才覺察到。

□階段3：略有所感——有所覺察，但無法在當下做出有效的回應。

□階段4：迅速回應——有所覺察，並能在短時間之後作出回應。

□階段5：適應調整——有所覺察，並能夠在當下從保護轉為學習狀態（雙重覺察的展現）。

你認為自己在那個時刻裡的想法是直覺的保護狀態（防備、害怕、憤怒、負面），還是學習狀態（好奇、正面、開放的態度）？

如果以1到10來評分，你在那時候的生理狀態，亦即身體的活力狀態如何？（1＝低能量，10＝高能量）

如果以1到10來評分，你在那個時候是感覺非常愉快還是不愉快？（1＝不愉快，10＝愉快）

你在那一刻有什麼樣的情緒？（例如：興奮、熱情、開心、快樂、不開心、焦慮、沮喪、有壓力、不安、緊張、傷心、憂鬱、懶散、無聊、冷靜、放鬆、平靜、滿足，或其他的感覺）

如果以1到10來評分，你會給這個狀況打幾分？（1＝我偏離了自己的目標，我的反應造成適得其反的後果，無助於我想在這個情況下達成的目標；10＝我遵循著目標前進，我的反應不但達到成效，也有助於實現我想在這個情況下達成的目標）

請回顧當時的情況，你認為當時的情況需要什麼？是需要你專注於已知的熟悉區情況？或是需要新方法的適應區情況？

如果撇開當時被觸發的那一刻，今天的你會選擇如何經歷當時的情況？你會選擇避開哪些可能發生的情況和過程？為什麼？你會接受、延遲或避開哪些學習的機會？

在結束晚間的反思前，請先深呼吸，花一點時間思考剛剛的練習，是否湧現任何的感想？是否對任何模式有了更清楚的理解？

第四週的總結

無論你是否持之以恆地成功運用新心態並在觸發時刻展現出更有效的回應行為，你都已經在過去這四週以來獲得許多關於自己的訊息。你瞭解到外部狀況很可能將你推入保護狀態，也知道在那些時刻裡自己的內在可能會有什麼樣的反應。你會明白自己的行為是外部環境的影響所導致，而讓外部狀況與內在狀態產生連結，則是雙重覺察的基礎。在這樣的覺察之下，改變當然無可避免。這個改變可能比預期的來得慢，也可能一下子就出現，只要你能繼續往前邁進，聆聽內在的聲音，就能繼續成長、學習與轉變。

為期四週的計畫已經結束，但是這段旅程仍持續著。請花一點時間回顧過去四週所學到的所有事情，並思考該如何往前更進一步。你會每天持續練習哪些作法？隨著情況變化或你可能在生活中的某些領域陷入瓶頸時，你可能會重新檢視哪一些？請謹記，當周圍的世界不斷改變、挑戰也不停出現的時候，唯有你能為自己的行為、決定和生活經驗負起責任。這並不表示當事情出錯時你應該責怪自己，而是無論如何，你都有機會讓一切更加美好。

致謝

首先，必須感謝我們出色的寫作夥伴喬蒂・利佩爾（Jodi Lipper），如果少了她，這本書就不可能順利出版。這本書囊括了三位截然不同的作者，每位作者都有獨特的想法與見解，這些想法不但是互補的，有時候也成了一種挑戰。喬蒂是其中的支柱，她以嫻熟的專業將所有的想法與見解交織融合，她的才能和將概念化繁為簡地呈現在讀者面前能力，讓這本書獨樹一格。真心感謝她的努力和付出，也謝謝她願意與我們合作，還有我們在過程中建立起的友誼。

謝謝我們的同事，麥可・帕克（Michael Park）、史考特・羅德佛（Scott Rutherford）、丹尼爾・佩克薩（Daniel Pacthod）、羅伯・路易斯（Robert Lewis），以及麥肯錫公司的整個「啟動」創新委員會成員，他們提供了許多資源與支持，帶領客戶（包括這本書）在變動與不確定中深掘適應力與恢復力。此外，要特別感謝鮑勃・史坦菲爾（Bob Sternfels）給予個人指導與贊助，讓我們能夠創造並展開一種新型態的領導力之旅，現在更撼動了全世界數以萬計的領導者。

更要感謝那些實際投入打造這場旅程的人，其中包括莎夏・羅雷（Sasha Zolley）、凱特・拉茲洛夫帕克（Kate Lazaroff-Puck）、瓊安・拉弗伊（Johanne Lavoie）、安妮露・聖艾蒙（Annie-Lou St-Amant）、馬利諾・穆格爾巴多奇（Marino Mugayar- Baldocchi）、卡拉・沃裴（Cara Volpe）、艾胥莉・肯納（Ashley Kellner）、以及亞歷克斯・伍德（Alex Wood）。

謝謝麥肯錫公司前經理人凱文・史奈德（Kevin Sneader）和麥肯錫全球發行領導人與主編拉朱・納里塞帝（Raju Narisetti），你們的領導讓這本書得以問世。還有在各方面實際參與、支持的麥可・帕克（Michael Park）、戴娜・毛爾（Dana Maor）、派翠克・賽門（Patrick Simon）、克里斯・甘尼恩（Chris Gagnon）、瑪莉・明尼利（Mary Meaney）、比爾・施寧格（Bill Schaninger）、阿瑪迪歐・帝羅多維科（Amadeo Di Lodovico）、布魯克・維德爾（Brooke Weddle）、阿曼・蓋斯特（Arne Gast）、潔瑪・德奧里亞（Gemma D' Auria）、和麥克・勞瑞（Michael Lurie）。

我們也要對艾瑞克・曼德斯洛特（Erik Mandersloot）和安德魯・聖喬治（Andrew St. George）表達感謝，謝謝他們在本書的初始階段給予的鼓勵，還有促使這本書能夠完成的阿柏金公司及麥肯錫公司。

「刻意冷靜」這個概念最早出現在我們與潔瑪・德奧里亞共同撰寫的〈危機中的領導力〉（暫譯，*Leadership in a Crisis*）一文中，當中探討了領導者在協助組織因應COVID-19疫情期間的變動與不確定性，所必須做到的五件具體事項，「刻意冷靜」當然是其中之一。這篇文章集結了許多人的非凡成就，其中由我們的科學團隊確認這五種特質，並提出可資佐證的經驗性證據（empirical evidence），他們是大衛・卡林（Davis Carlin）、蘭迪・林恩（Randy Lim）、露絲・依莫斯（Ruth Imose）、金・魯賓斯坦（Kim Rubenstein）、馬利諾・穆格爾巴多奇、蘿拉・皮諾（Laura Pineault）。

接續的文章〈如何在危機中體現刻意冷靜〉（暫譯，*How to Demonstrate Deliberate Calm in a Crisis*）則是和我們最親愛的編輯芭芭拉・提爾尼（Barbara Tierney），以及一群給力的同事們一起完成。普里揚傑利・阿羅拉（Priyanjali Arora）、蘿拉・皮諾、羅伯特・洛德里格斯（Roberto Rodriguez），謝謝你們。

接著是〈變動之際的心智、情商和領導力〉（暫譯，*Psychological Safety, Emotional Intelligence, and Leadership in a Time of Flux*）這一篇，謝謝比爾・施寧格、艾美・埃德蒙森（Amy Edmondson）、理查・博雅提斯（Richard Boyatzis）、阿希什・科塔里（Ashish Kothari）、瓊安・拉弗伊以及勞拉・提爾格貝（Laura Tegelberg）。

最後，是〈未來的考驗：解決「適應性悖論」的長久之計〉（暫譯，*Future Proof:*

Solving the 'Adaptability Paradox' for the Long Term），我們要感謝的是阿希什．科塔里、瓊安．拉弗伊、馬利諾．穆格爾巴多奇、莎夏．羅雷、凱特．拉茲洛夫帕克及勞拉．提爾格貝。

感謝以下協助完成此書的人：馬利諾．穆格爾巴多奇，感謝他多年來在適應性研究上的付出；凱特．拉茲洛夫帕克，謝謝她在適應性解決方案上的貢獻，並將其應用在這本書上；還有尼克．馬西歐（Nick Massios）迅速為這本書繪製了精緻的插圖。

我們也非常感謝哈潑出版，尤其是霍利斯．海姆包欽（Hollis Heimbouch）和科比．桑德邁爾（Kirby Sandmeyer），謝謝他們對這本書充滿信心，還有從同到尾的合作相伴，他們的意見讓這本書更臻完美。還要謝謝製作、公關、行銷團隊，以及在幕後幫助這本書上市的每一個人。特別感謝負責宣傳的崔西．洛克（Tracy Locke）、行銷的蘿拉．柯爾（Laura Cole）和亞曼達．普立克茲（Amanda Pritzker），負責製作生產的喬思琳．拉尼克（Jocelyn Larnick）、設計的南西．辛格（Nancy Singer），以及設計封面的米蘭．波茲克（Milan Bozic）。

最後由衷感謝我們的經紀人琳恩．約翰斯頓（Lynn Johnston），謝謝她在整個過程的熱情、專業指導和建議。

我們也希望感謝家人們，當我們在無數個週末、夜晚以及假日埋首於完成這本書的工作時，謝謝你們的耐心和支持。

賈桂琳

我要謝謝我的丈夫尼可拉斯，還有寶貝雙胞胎約瑟芬和山謬爾，他們就是我的全世界。如果少了他們的支持，我不可能到達這個里程碑。他們是我的老師，也是我的每一天裡真正重要的東西。我也要感謝我的父母和姊妹，他們是我人生旅途中的基石，而且無論發生了什麼事，都會永遠陪在我身邊。我對你們充滿了感激與愛。

亞倫

我要感謝我的孩子凱雷和布萊茲，自從他們的母親幾年前因毒癮過世之後，他們陪我一起度過那段充滿動盪、不安和失落的人生旅程，也陪著我還有我的妻子奈娜共同經歷治療和重新開啟新生活的日子。當然還要感謝這個家庭的新成員，我的兒子佐拉瓦，每天都為我帶來喜悅。我要特別感謝布萊茲，他問了我一個問題，指出應該修改此書的副標題，他說：「爸爸，不是應該先學，等真的學到一些東西之後才能領導，而不是反過來的，不是嗎？」

還要謝謝影響我甚巨的偉大思想者們：莫頓．多伊奇（Morton Deutsch）、哈維・霍倫斯坦（Harvey Hornstein）、卡琳・布拉克（Caryn Block）、理查・馬泰爾（Richard Martell）、沃爾特・米歇爾（Walter Mischel）、卡蘿・德威克（Carol Dweck），特別是華納・布克（W. Warner Burke）。

米歇爾

我要感謝我的太太克莉絲汀，謝謝她堅定不移地幫助我成長、茁壯，讓我心無旁騖地完成這本書。我也要謝謝我的孩子依奇、杜威和約斯提耶，他們讓我學會同理心、愛與承諾。

我們感恩這本書、這段旅程，還有所有參與其中的每一個人所帶來的一切。

如果我比別人看得更遠，那是因為我站在巨人的肩膀上。

——牛頓

高寶書版集團
gobooks.com.tw

RI 377
刻意冷靜
從承擔風險到穩操勝算，麥肯錫高階團隊都在用的抗壓思考策略
Deliberate Calm: How to Learn and Lead in a Volatile World

作　　者　賈桂琳・布拉西Jacqueline Brassey、亞倫・德斯梅特Aaron De Smet、米歇爾・克洛伊特Michiel Kruyt
譯　　者　何佳芬
主　　編　吳珮旻
責任編輯　鄭淇丰
封面設計　林政嘉
內頁排版　趙小芳
企　　劃　鍾惠鈞
版　　權　劉昱昕

發 行 人　朱凱蕾
出　　版　英屬維京群島商高寶國際有限公司台灣分公司
　　　　　Global Group Holdings, Ltd.
地　　址　台北市內湖區洲子街88號3樓
網　　址　gobooks.com.tw
電　　話　（02）27992788
電　　郵　readers@gobooks.com.tw（讀者服務部）
　　　　　pr@gobooks.com.tw（公關諮詢部）
傳　　真　出版部（02）27990909　行銷部（02）27993088
郵政劃撥　19394552
戶　　名　英屬維京群島商高寶國際有限公司台灣分公司
發　　行　英屬維京群島商高寶國際有限公司台灣分公司
初版日期　2023年 08 月

國家圖書館出版品預行編目（CIP）資料

刻意冷靜：從承擔風險到穩操勝算,麥肯錫高階團隊都在用的抗壓思考策略/賈桂琳.布拉西(Jacqueline Brassey), 亞倫.德斯梅特(Aaron De Smet), 米歇爾.克洛伊特(Michiel Kruyt)著；何佳芬譯. -- 初版. -- 臺北市：英屬維京群島商高寶國際有限公司臺灣分公司, 2023.08
面；公分.--（RI；377）
譯自：Deliberate calm：how to learn and lead in a volatile world

ISBN 978-986-506-784-7（平裝）

1.CST: 領導者　2.CST: 決策管理　3.CST: 思考　4.CST: 職場成功法

494.2　　　112010646

GOBOOKS
& SITAK
GROUP ©